W. Dolejsky · H. D. Unkelbach

Repetitorium Mathematik
Teil A

Wolfgang Dolejsky
Hans Dieter Unkelbach

Repetitorium Mathematik

**für Studenten der Ingenieurwissenschaften
mit Aufgaben aus Diplomvorprüfungen
für Elektrotechniker**

Teil A

Ein Katalog wichtiger mathematischer Lösungsmethoden
mit 128 durchgerechneten Textbeispielen
und 156 gelösten Prüfungsaufgaben

HAAG + HERCHEN Verlag GmbH
Frankfurt am Main

ISBN 3-88129-048-6

Gesamtherstellung: breitlauch-druck, Koblenz

Printed in Germany

Vorwort

Studenten der Ingenieurwissenschaften an einer Technischen Hochschule werden im Fach Mathematik in einem viersemestrigen Grundkurs ausgebildet. Die erworbenen Kenntnisse sind bei der Diplomvorprüfung in einer schriftlichen Klausur nachzuweisen. Zur Vorbereitung bleibt selten genügend Zeit, den gesamten Vorlesungsstoff zu wiederholen und einzuüben. Das Repetitorium bietet eine gezielte Prüfungsvorbereitung:

- es trifft eine geeignete Auswahl aus dem umfangreichen Vorlesungsstoff,
- es bereitet den ausgewählten Stoff rezeptmäßig auf, so daß standardisierte Lösungsansätze für die gestellten Aufgaben parat sind und nicht erst während der Prüfungszeit überlegt werden müssen,
- es stellt ausreichend Übungsmaterial bereit, um das Anwenden der Lösungsverfahren zu trainieren, damit während der Prüfung über die notwendige Routine verfügt wird.

Der vorliegende Teil A befaßt sich mit dem Stoff des 1. und 2. Semesters des Grundkurses, der demnächst erscheinende Teil B mit dem Stoff des 3. und 4. Semesters. Jeder Teil enthält eine Sammlung authentischer Aufgaben aus Diplomvorprüfungen in Mathe= matik, die für Elektrotechniker an der Technischen Hochschule Darmstadt in den Jahren 1970 bis 1977 gestellt wurden.

Die Autoren haben mehrere Jahre lang an der Technischen Hochschule Darmstadt bei Diplomvorprüfungen für Ingenieure in Mathematik mit= gewirkt und Prüfungsaufgaben gesammelt. Bei der Vielzahl der Aufga= ben treten immer wieder die gleichen Typen auf, die mit den gleichen Lösungsmethoden angegangen werden können. Zu jedem Aufgabentyp wer= den die Begriffe, Methoden und Lösungsschemata bereitgestellt und und an einem Beispiel exemplarisch vorgeführt. Als Übungsaufgaben sind die gesammelten Vordiplomsaufgaben mit Lösungen angefügt.
Die Häufigkeit, mit der ein bestimmter Aufgabentyp bei Klausuren der letzten Jahre aufgetreten ist, kann man den Tabellen auf Seite 5 und 6 entnehmen. Anhand dieser Statistik kann ein Student erken= nen, wie wichtig es ist, einen bestimmten Aufgabentyp bearbeiten zu können. So kann er sich je nach der ihm zur Verfügung stehen= den Zeit schwerpunktmäßig vorbereiten. Zu diesem Zwecke sind die einzelnen Kapitel-soweit wie möglich-unabhängig voneinander gehalten

Es wird bewußt darauf verzichtet, den Leser an das Auffinden eleganter spezieller Lösungswege heranzuführen. Vielmehr wer=den relativ wenige standardisierte Lösungsschemata ausführlich beschrieben. Mit diesen kann der Student auch bei starker nervlicher Anspannung während der Prüfung rezeptartig arbeiten. Das Repetitorium ist in erster Linie zur Prüfungsvorbereitung konzipiert; darüber hinaus kann es auch als Katalog wichtiger mathematischer Lösungsmethoden und als umfangreiche Aufgaben=sammlung neben den Mathematikveranstaltungen an Hochschulen und Fachhochschulen von Nutzen sein.

In den beiden Bänden sind die Erfahrungen zusammengetragen, welche die Autoren während ihrer wissenschaftlichen und pädagogischen Tätigkeit am Fachbereich Mathematik der TH Darmstadt gesammelt haben, beim Erstellen und Abhalten der Übungen zum Grundkurs in Mathematik, bei der persönlichen Beratung der Studenten und bei Repetitorien und Prüfungs=vorbereitungskursen. Viele methodische Anregungen verdanken wir Vorlesungen von Prof. Dr. K.-W. Gaede und der Zusammenarbeit mit Kollegen der Arbeitsgruppe 9. Wertvolle Hilfe war uns ein von Herrn Dr. H. Holbein abgehaltenes Repetitorium, ihm gilt unser besonderer Dank.

Darmstadt, im Mai 1977

W. Dolejsky
H.D. Unkelbach

Übersicht über die gesammelten Klausuraufgaben

An der Technischen Hochschule Darmstadt besteht die Diplomvorprüfung in Mathematik für Elektrotechniker aus zwei Teilen, der Klausur zur Diplomvorprüfung Teil A (Stoff aus Semester 1 und 2) und der Klausur zur Diplomvorprüfung Teil B (Stoff aus Semester 3 und 4).

Im vorliegenden Band A des Repetitoriums wird im wesentlichen der Stoff der A-Klausur behandelt. Der darin enthaltene Aufgabenteil umfaßt nicht nur die gesammelten Aufgaben der A-Klausuren von 1970 - 1977, sondern auch diejenigen Aufgaben aus B-Klausuren, die mit den Methoden dieses Bandes bearbeitet werden können. Diese Aufgaben sind durch ein B vor der Datumsangabe gekennzeichnet. Aus Tabelle A kann man ablesen, wie oft ein bestimmter Aufgabentyp in A-Klausuren aufgetreten ist. (Vier Aufgaben, die unter der Spalte "sonstige" aufgeführt sind, werden im Band B des Repetitoriums behandelt.) Tabelle B gibt die gleiche Übersicht für die Aufgaben aus B-Klausuren, die unter die hier behandelten Aufgabentypen fallen.

Aufgaben-typ (Kapitel Nr.)	A-Klausuren												
	H70	F71	H72	F73	H73	F74	H74	F75	H75	F76	H76	F77	gesamt
1	1		1		1	1					1	1	6
2				1			1	1	1	1			5
3	1	1				1							3
4	1	1	1	2	1	1	1		1		1		10
5	1	1	1		1			1					5
6			1		1	1	1		1	1	1	1	8
7	1	1		2	1	1	1	1	2	2	1	2	15
8	1	2	1	2	1	1	1	2	1	1	1	2	16
9		1	1			1	1				1	1	6
10	1						1	1	1	1			5
11	1				1	1		1			1		5
12		1			1								2
13			2	1						1			4
14													-
15									1	1			2
16	1						1	1					3
17		1	1	2	2	2	1	1	2	1	1	2	16
18	1	1	1							1	1		5
Sonstige							1	1			1	1	4

Tabelle A: Häufigkeiten des Auftretens der Aufgabentypen in A-Klausuren von 1970 bis 1977 .
(Beispiel: In der A-Klausur Herbst 1975 tritt der Aufgabentyp 7 (Kapitel Nr. 7) zweimal auf, während der Aufgabentyp 11 nicht auftritt.)

Aufgaben-typ (Ka= pitel Nr.)	B-Klausuren														ges
	H70	F71	H71	F72	H72	F73	H73	F74	H74	F75	H75	F76	H76	F77	
1															
2															
3				1											
4				2				1							
5															
6			1												
7			1		1	1									
8															
9			1	1	2	1									
10			1												
11				1											
12									1	1	1	1			
13															
14							1		1		1	1			
15			2	2			2	1	1	2	1	1			
16															
17							1	1			1		1	1	
18															

Tabelle B : Häufigkeiten des Auftretens der Aufgabentypen in B-Klausuren von 1970 bis 1977 .

Inhalt

I. Begriffe und Methoden

1. Vollständige Induktion

Um zu beweisen, daß eine Aussage $A(n)$ für alle natürlichen Zahlen $n \in \mathbb{N}$ von einer natürlichen Zahl n_0 an gilt, genügt es zu zeigen:

(i) Induktionsanfang: Es gilt $A(n_0)$ (meistens $n_0 = 1$)

(ii) Induktionsschluß: Für jede natürliche Zahl $n > n_0$ gilt:
Aus $A(n)$ folgt $A(n+1)$

Beispiel 1.1: Man beweise durch vollständige Induktion

$$1^3 + 2^3 + 3^3 + \ldots + n^3 = \left(\frac{n(n+1)}{2}\right)^2 \quad \text{für } n = 1,2,3,\ldots,n$$

Lösung:

(i) $n_0 = 1$; $A(1)$: $1^3 = \left(\frac{1(1+1)}{2}\right)^2$
$= 1$ ist richtig.

(ii) $A(n) \Rightarrow A(n+1)$:

Aus $A(n)$: $1^3 + 2^3 + 3^3 + \ldots + n^3 = \left(\frac{n(n+1)}{2}\right)^2$ folgt

$$1^3 + 2^3 + 3^3 + \ldots + n^3 + (n+1)^3 = \left(\frac{n(n+1)}{2}\right)^2 + (n+1)^3$$

$$= \left(\frac{n+1}{2}\right)^2 (n^2 + 2^2(n+1)) = \left(\frac{n+1}{2}\right)^2 (n+2)^2 = \left(\frac{(n+1)((n+1)+1)}{2}\right)^2$$

Also gilt $A(n+1)$.

Beispiel 1.2: Man beweise durch vollständige Induktion

$$n^2 < 2^n \quad \text{für } n = 5,6,7, \ldots$$

Lösung:

(i) $n_0 = 5$; $A(5)$: $5^2 < 2^5$
$= 32$ ist richtig.

(ii) $A(n) \Rightarrow A(n+1)$:

Aus $A(n)$: $n^2 < 2^n$ folgt

$$(n+1)^2 = n^2 + 2n + 1 <$$
$$< 2^n + 2n + 1 = 2^n + n(2 + \tfrac{1}{n}) <$$
$$< 2^n + n(2 + 1) < 2^n + n^2 \quad (\text{für } n > 5)$$
$$< 2^n + 2^n = 2^{(n+1)}$$

Also gilt $A(n+1)$.

Aufgaben: 1.1 - 1.6, auch 2.1 - 2.5, 3.2

2. Unendliche Folgen

Eine Folge $\{a_n\} = a_1, a_2, a_3, \ldots$ reeller Zahlen heißt
<u>nach oben beschränkt</u>, wenn alle a_n kleiner oder gleich einer festen Zahl M sind ($a_n \leq M$),
<u>nach unten beschränkt</u>, wenn alle a_n größer oder gleich einer festen Zahl m sind ($m \leq a_n$),
<u>beschränkt</u>, wenn $\{a_n\}$ nach oben und nach unten beschränkt ist,
<u>monoton wachsend</u>, wenn $a_1 \leq a_2 \leq a_3 \ldots$, d.h. $a_n \leq a_{n+1}$ gilt
<u>monoton fallend</u>, wenn $a_1 \geq a_2 \geq a_3 \ldots$, d.h. $a_n \geq a_{n+1}$ gilt,
<u>konvergent</u> gegen den <u>Grenzwert</u> a ($a = \lim\limits_{n\to\infty} a_n$), wenn es zu jedem $\varepsilon > 0$ eine natürliche Zahl n_0 gibt, so daß $|a_n - a| < \varepsilon$ für alle $n \geq n_0$ gilt. Eine Folge, die keinen Grenzwert besitzt, heißt <u>divergent</u>.

Sätze über Folgen:

<u>Satz 2.1:</u> a) Eine nach oben beschränkte monoton wachsende Folge ist konvergent.
b) Eine nach unten beschränkte monoton fallende Folge ist konvergent.

<u>Satz 2.2:</u> Für konvergente Folgen $\{a_n\}$ mit $\lim a_n = a$ und $\{b_n\}$ mit $\lim b_n = b$ gilt:
a) $\lim(k\cdot a_n) = k\cdot \lim a_n = k\cdot a$
b) $\lim(a_n + b_n) = \lim a_n + \lim b_n = a + b$
c) $\lim(a_n\cdot b_n) = \lim a_n \cdot \lim b_n = a\cdot b$
d) $\lim(a_n/b_n) = \lim a_n / \lim b_n = a/b$, vorausgesetzt $b \neq 0$
e) Ist $\lim a_n = 0$ und $\{c_n\}$ beschränkt, dann gilt $\lim a_n\cdot c_n =$
f) Ist f(x) eine im Punkt $x = a$ stetige Funktion, dann gilt $\lim f(a_n) = f(\lim a_n) = f(a)$.

<u>Bemerkung:</u> Für Folgen komplexer Zahlen wird die Konvergenz wie oben definiert. Während auch für komplexe Folgen die Rechenregeln vom Satz 2.2 gelten, gibt es keine zu Satz 2.1 analoge Aussage.

2.1 Konvergenz rekursiv definierter Folgen

Meistens kann man die Konvergenz einer solchen Folge mit Hilfe von Satz 2.1 beweisen,
indem man 1) die Monotonie der Folge nachweist und
2) die Beschränktheit der Folge nachweist.

Der Grenzwert der Folge läßt sich oft auf folgende Weise bestimmen. In der Rekursionsformel läßt man a_n gegen a (ebenso a_{n-1}, a_{n+1}, usw. gegen a) streben und löst die entstehende Gleichung nach a auf.

<u>Beispiel 2.1.1:</u> Man untersuche die Folge $\{a_n\}$ mit $a_1 = 1$ und $a_{n+1} = 2 + \sqrt{a_n}$ für n = 1,2, ... auf Konvergenz und berechne gegebenenfalls ihren Grenzwert.

<u>Lösung:</u>

0.Schritt: Überblick über die ersten Glieder verschaffen:

$a_1 = 1$, $a_2 = 2 + \sqrt{a_1} = 2 + \sqrt{1} = 3$,
$a_3 = 2 + \sqrt{a_2} = 2 + \sqrt{3} \approx 3{,}7$,
$a_4 = 2 + \sqrt{a_3} = 2 + \sqrt{3{,}7} \approx 4$.

1.Schritt: Monotonie: Die ersten Glieder der Folge lassen vermuten, daß die Folge monoton wachsend ist. Die Vermutung wird durch vollständige Induktion bewiesen; dabei bedeutet die Aussage A(n): $a_{n+1} \geq a_n$.

(i) $n_0 = 1$, A(1): $a_2 = 2 + \sqrt{a_1} = 2 + \sqrt{1} = 3 \geq a_1$ ist richtig.

(ii) $A(n) \Rightarrow A(n+1)$:
Aus A(n): $a_{n+1} \geq a_n$ folgt
$a_{(n+1)+1} = 2 + \sqrt{a_{n+1}} \geq 2 + \sqrt{a_n} = a_{n+1}$
Also gilt A(n+1): $a_{n+2} \geq a_{n+1}$

2.Schritt: Beschränktheit: Die ersten Glieder der Folge lassen vermuten, daß die Folge durch die obere Schranke M = 5 beschränkt ist.
Diese Vermutung wird durch die vollständige Induktion bewiesen; dabei bedeutet die Aussage A(n): $a_n < 5$.

(i) $n_0 = 1$; A(1): $a_1 = 1 < 5$ ist richtig.

(ii) $A(n) \Rightarrow A(n+1)$:
Aus A(n): $a_n < 5$ folgt
$a_{n+1} = 2 + \sqrt{a_n} < 2 + \sqrt{5} < 2 + 3 = 5$
Also gilt A(n+1): $a_{n+1} < 5$

3.Schritt: Grenzwert: Grenzübergang in der Rekursionsformel

$$\lim a_{n+1} = \lim(2 + \sqrt{a_n}) = \lim 2 + \lim \sqrt{a_n} =$$
$$= 2 + \sqrt{\lim a_n}$$

d.i. $a = 2 + \sqrt{a}$

Auflösen der Gleichung nach a:

$$a - 2 = \sqrt{a} \implies a^2 - 4a + 4 = a$$
$$a^2 - 5a + 4 = 0$$
$$a = \frac{5}{2} \pm \sqrt{\frac{25}{4} - \frac{16}{4}} = \frac{5}{2} \pm \frac{3}{2}$$

$a = 1$ ist nicht Lösung obiger Gleichu[ng]

$a = 4$ ist Lösung und damit gesuchter Grenzwert.

<u>Bemerkung:</u> Obige Vorgehensweise kann auch für mehrgliedrig rekursiv definierte Folgen angewandt werden, z.B.

$$a_0 = 0,\ a_1 = 1,\ a_{n+1} = \frac{1}{2}\left(a_{n-1} + \frac{3}{a_n}\right), \quad n = 1,2,3, \ldots$$

2.2 Konvergenz explizit definierter Folgen

<u>Beispiel 2.2.1:</u> $a_n = \dfrac{2n(n - \pi) + \cos 3n}{n^2 + n\sqrt{5n} + 1}$, $n = 1,2,3, \ldots$

<u>Beispiel 2.2.2:</u> $a_n = \dfrac{1}{1+n} + \dfrac{1}{2+n} + \dfrac{1}{3+n} + \ldots + \dfrac{1}{n+n}$, $n = 1,2,3,$

Zunächst versucht man im allgemeinen Folgenglied a_n den Grenzübergang $n \to \infty$ durchzuführen. Treten dabei unbestimmte Ausdrücke wie $\frac{\infty}{\infty}$ im Bsp. 2.2.1 auf, so probiert man folgenden Standardtrick: Zähler und Nenner werden durch eine geeignete Potenz von n dividiert und dann wird der Grenzübergang $n \to \infty$ ausgeführt.

<u>Beispiel 2.2.1:</u>

<u>Lösung:</u> Division von Zähler und Nenner durch n^2 führt auf

$$a_n = \frac{2 - \frac{2\pi}{n} + \frac{1}{n^2}\cos 3n}{1 + \sqrt{\frac{5}{n}} + \frac{1}{n^2}}$$

Den Grenzwert bestimmt man mit Hilfe der Rechenregeln für Grenzwerte aus Satz 2.2:

$$\lim a_n = \frac{\lim 2 - \lim \frac{2\pi}{n} + \lim \frac{1}{n^2}\cos 3n}{\lim 1 + \lim\sqrt{\frac{5}{n}} + \lim \frac{1}{n^2}} = \frac{2 - 0 + 0}{1 + 0 + 0} = 2$$

Weitere solche Verfahren siehe Kapitel 5 über Grenzwertberechnungen.

Beispiel 2.2.2:

Lösung: Hier funktioniert dieser Standardtrick nicht, da die Anzahl der Summanden für wachsendes n immer größer wird. Man muß also spezielle Eigenschaften der Folge diskutieren. Oft gelingt es Monotonie und Beschränktheit der Folge nachzuweisen, woraus nach Satz 2.1 die Konvergenz folgt.

Die ersten Glieder der Folge lauten:

$$a_1 = \frac{1}{2}\,,\quad a_2 = \frac{1}{3} + \frac{1}{4}\,,\quad a_3 = \frac{1}{4} + \frac{1}{5} + \frac{1}{6}\;.$$

Man erkennt, daß a_n eine Summe aus n-Summanden ist. Dabei ist der erste der größte Summand:

$$a_n = \frac{1}{n+1} + \frac{1}{n+2} + \frac{1}{n+3} + \dots \quad \frac{1}{n+n} < n\cdot\frac{1}{n+1} < 1$$

Die Folge $\{a_n\}$ ist durch M = 1 nach oben beschränkt.

Aussagen über Monotonie der Folge kann man am Vorzeichen der Differenz zweier aufeinander folgenden Glieder $a_{n+1} - a_n$ ablesen.

$$a_{n+1} - a_n = \frac{1}{(n+1)+1} + \frac{1}{(n+1)+2} + \dots + \frac{1}{(n+1)+n} + \frac{1}{(n+1)+(n+1)} - \frac{1}{n+1} - \frac{1}{n+2} - \frac{1}{n+3} - \dots - \frac{1}{n+n} =$$

$$= \frac{1}{2n+1} + \frac{1}{2n+2} - \frac{1}{n+1} = \frac{2n+2 + 2n+1 - 2(2n+1)}{2(2n+1)(n+1)} =$$

$$= \frac{1}{2(2n+1)(n+1)} \geq 0$$

, d.h. die Folge $\{a_n\}$ ist monoton wachsend.

Aufgaben: 2.1 - 2.5, auch 4.2, 4.3

3. Unendliche Reihen

Eine Reihe $\sum_{n=0}^{\infty} a_n = a_0 + a_1 + a_2 + \ldots$ heißt <u>konvergent</u>, wenn die Folge ihrer Partialsummen $s_k = \sum_{n=0}^{k} a_n = a_0 + a_1 + a_2 + \ldots + a_k$ gegen einen Wert s konvergiert. s heißt dann die <u>Summe</u> der Reihe.

Eine Reihe $\sum_{n=0}^{\infty} a_n$ heißt <u>absolut konvergent</u>, wenn die Reihe $\sum_{n=0}^{\infty} |a_n| = |a_0| + |a_1| + |a_2| + \ldots$ konvergiert.

(Eine Reihe, die konvergiert, aber nicht absolut konvergent ist, heißt <u>bedingt konvergent</u>.)

<u>Konvergenzkriterien</u>

1. <u>Quotientenkriterium:</u> Eine Reihe $\sum_{n=0}^{\infty} a_n$ ist (absolut) konvergent wenn $q = \lim_{n\to\infty} \left|\frac{a_{n+1}}{a_n}\right| < 1$ ist.

   (Im Falle $q > 1$ ist die Reihe divergent, im Falle $q = 1$ liefert dieses Kriterium keine Aussage.)

2. <u>Wurzelkriterium:</u> Eine Reihe $\sum_{n=0}^{\infty} a_n$ ist (absolut) konvergent, wenn $q = \lim_{n\to\infty} \sqrt[n]{|a_n|} < 1$ ist.

   (Im Falle $q > 1$ ist die Reihe divergent, im Falle $q = 1$ liefert dieses Kriterium keine Aussage.)

3. <u>Majorantenkriterium:</u> Eine Reihe $\sum_{n=0}^{\infty} a_n$ ist (absolut) konvergent wenn es eine konvergente Vergleichsreihe $\sum_{n=0}^{\infty} b_n$ gibt mit $|a_n| \leq b_n$.

   (Ist $\sum_{n=0}^{\infty} b_n$ mit $b_n \geq 0$ und $a_n \geq b_n$ eine divergente Reihe, dann divergiert auch die Reihe $\sum_{n=0}^{\infty} a_n$.)

4. Integralvergleichs= kriterium: Eine Reihe $\sum_{n=0}^{\infty} a_n$ ist (absolut) konvergent, wenn für eine monoton fallende positive stetige Funktion $f(x)$ mit $|a_n| = f(n)$ für alle $n \geq n_o$ gilt: $\int_{n_o}^{\infty} f(x)\,dx < +\infty$.
(Falls $a_n = f(n)$ und $\int_{n_o}^{\infty} f(x)\,dx = +\infty$ gilt, ist die Reihe divergent.)

5. Leibnizkriterium: (nur für alternierende Reihen)

Die alternierende Reihe $\sum_{n=0}^{\infty} (-1)^n a_n$ mit $a_n \geq 0$ konvergiert, wenn die Folge $\{a_n\}$ monoton fallend und $\lim_{n\to\infty} a_n = 0$ gilt. Berechnet man den Wert der konvergenten alternierende Reihe $s = \sum_{n=0}^{\infty} (-1)^n a_n$ näherungsweise durch die k-te Partialsumme $s_k = \sum_{n=0}^{k} (-1)^n a_n$, dann ist der dabei gemachte Fehler höchstens gleich a_{k+1}, d.h. $|s - s_n| = \left| \sum_{n=k+1}^{\infty} (-1)^n a_n \right| \leq a_{k+1}$.

Bemerkung 3.1: Das Konvergenzverhalten einer Reihe ändert sich nicht (wohl aber ihre Summe!), wenn man endlich viele Glie= der abändert, wegläßt oder hinzufügt. Insbesondere konvergieren obige Reihen also auch dann, wenn die in den Kriterien 3,4 und 5 geforderten Eigenschaf= ten erst für alle n von einem bestimmten n_o an gelten.

Beispiel 3.1: $\sum_{n=1}^{\infty} \frac{(n-1)!}{n^n} r^n$

Lösung: Für $a_n = \frac{(n-1)!}{n^n} r^n$ gilt nach dem Quotientenkriterium

$$\left|\frac{a_{n+1}}{a_n}\right| = \frac{(n+1-1)!\,|r|^{n+1}\,n^n}{(n+1)^{n+1}(n-1)!\,|r|^n} = \frac{(n-1)!\,n|r|n^n}{(n-1)!\,(n+1)(n+1)^n} =$$

$$= |r|\,\frac{1}{1+\frac{1}{n}} \cdot \frac{1}{(1+\frac{1}{n})^n} \Rightarrow \lim_{n\to\infty}\left|\frac{a_{n+1}}{a_n}\right| = |r|\cdot\frac{1}{1}\cdot\frac{1}{e} = \frac{|r|}{e}.$$

Falls $\frac{|r|}{e} < 1$, d.h. für $|r| < e$ konvergiert die Reihe.

Falls $\frac{|r|}{e} > 1$, d.h. für $|r| > e$ divergiert die Reihe.

(Falls $\frac{|r|}{e} = 1$, d.h. für $|r| = e$ liefert das Quotien=tenkriterium keine Aussage.)

Beispiel 3.2: $\sum_{n=0}^{\infty} n\left(\frac{n+1}{2n+1}\right)^n$

Lösung: Für $a_n = n\left(\frac{n+1}{2n+1}\right)^n$ gilt nach dem Wurzelkriterium

$$\sqrt[n]{|a_n|} = \sqrt[n]{n\left(\frac{n+1}{2n+1}\right)^n} = \sqrt[n]{n}\cdot\frac{n+1}{2n+1} = \sqrt[n]{n}\cdot\frac{1+\frac{1}{n}}{2+\frac{1}{n}}$$

$$q = \lim_{n\to\infty}\sqrt[n]{|a_n|} = \lim_{n\to\infty}\sqrt[n]{n}\,\frac{1}{2} = 1\cdot\frac{1}{2} = \frac{1}{2} < 1$$

Also ist die Reihe konvergent.

Beispiel 3.3: $\sum_{n=0}^{\infty} \frac{2^n}{n+n!}$

Lösung: Für $a_n = \frac{2^n}{n+n!}$ gilt $\underbrace{\frac{2^n}{n+n!}}_{a_n} \leq \underbrace{\frac{2^n}{n!}}_{b_n}$ für $n = 0,1,2,\ldots$

Die Reihe $\sum_{n=0}^{\infty} b_n = \sum_{n=0}^{\infty} \frac{2^n}{n!}$ $(= e^2)$ konvergiert.

Nach dem Majorantenkriterium ist somit auch die Reihe $\sum_{n=0}^{\infty} a_n$ konvergent.

Beispiel 3.4: $\sum_{n=1}^{\infty} \frac{e^{-\sqrt{n}}}{\sqrt{n}}$

Lösung: Die Funktion $f(x) = \frac{e^{-\sqrt{x}}}{\sqrt{x}}$ ist positiv und monoton fallend und es gilt

$$a_n = \frac{e^{-\sqrt{n}}}{\sqrt{n}} = f(n).$$

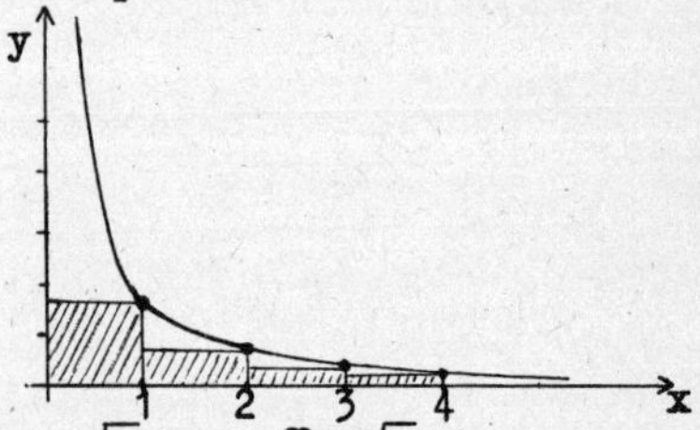

$$\sum_{n=1}^{\infty} a_n = \sum_{n=1}^{\infty}\frac{e^{-\sqrt{n}}}{\sqrt{n}} = \frac{1}{e} + \sum_{n=2}^{\infty}\frac{e^{-\sqrt{n}}}{\sqrt{n}} \leq \frac{1}{e} + \int_1^{\infty}\frac{e^{-\sqrt{x}}}{\sqrt{x}}dx =$$

(Substitution $u = \sqrt{x}$

$$= \frac{1}{e} + \int_1^{\infty} 2\cdot e^{-u}du = \frac{1}{e} + \frac{2}{e} < +\infty$$

Nach dem Integralvergleichskriterium ist somit die Reihe $\sum_{n=1}^{\infty} a_n$ konvergent.

Beispiel 3.5: Konvergiert die Reihe $\sum_{n=0}^{\infty}(-1)^n\left(1-\left(\frac{n-1}{n+1}\right)^2\right)$?
Wie groß ist höchstens der Fehler, wenn man die Reihe durch die Summe ihrer ersten vier Glieder ersetzt ?

Lösung: Die Reihe alterniert, und es ist $a_n = 1-\left(\frac{n-1}{n+1}\right)^2 \geq 0$.

$a_n = 1-\left(\frac{1-\frac{1}{n}}{1+\frac{1}{n}}\right)^2$ ist monoton fallend, da $1-\frac{1}{n}$ monoton wächst, $1+\frac{1}{n}$ monoton fällt, und somit der Bruch $\frac{1-\frac{1}{n}}{1+\frac{1}{n}}$ monoton wächst.

Ferner ist $\lim\limits_{n\to\infty} a_n = \lim\limits_{n\to\infty}\left(1-\left(\frac{1-\frac{1}{n}}{1+\frac{1}{n}}\right)^2\right) = 1-1 = 0.$

Nach dem Leibniz-Kriterium ist also die Reihe $\sum_{n=0}^{\infty}(-1)^n a_n$ konvergent.

$|s - s_4| \leq a_5 = 1-\left(\frac{5-1}{5+1}\right)^2 = 1-\frac{4}{9} = \frac{5}{9}$

Bemerkung 3.2: Besteht eine Reihe aus endlich vielen absolut konvergenten Teilreihen, so ist die Reihe selbst absolut konvergent.

Beispiel 3.6: $\frac{1}{2^0}+\frac{1}{3^1}+\frac{1}{2^2}+\frac{1}{3^3}+\frac{1}{2^4}+\frac{1}{3^5}+\ldots$

Lösung: Da die Folgen $\left|\frac{a_{n+1}}{a_n}\right|$ bzw. $\sqrt{|a_n|}$ keinen Grenzwert besitzen, ist das Quotientenkriterium und das Wurzel=kriterium direkt nicht anwendbar. Betrachtet man hingegen die Teilreihen

$\frac{1}{2^0}+\frac{1}{2^2}+\frac{1}{2^4}+\ldots..$ und $\frac{1}{3^1}+\frac{1}{3^3}+\frac{1}{3^5}+\ldots..$

so erkennt man mit dem Quotienten-oder Wurzelkriterium deren absolute Konvergenz. Somit ist auch die Gesamt=reihe absolut konvergent.

Bemerkung: Bei Reihen mit komplexen Gliedern sind die Konvergenz und die Summe einer Reihe wie oben definiert und die Kriterien 1 bis 4 anwendbar.

Bemerkung 3.3: Für das Rechnen mit Reihen siehe auch Abschnitt 4 über Potenzreihen. Man muß dort in den jeweiligen Ausdrücken $x = 1$ setzen. In 4.1 sind einige Reihen angegeben, deren Summe ausgerechnet werden kann. Die folgenden Summenformeln für endliche Reihen sollte man kennen:

$$\sum_{k=1}^{n} k = 1 + 2 + 3 + \dots + n = \frac{n(n+1)}{2},$$

$$\sum_{k=1}^{n} q_k = 1 + q^1 + q^2 + \dots + q^n = \frac{1 - q^{n+1}}{1 - q}.$$

(endliche geometrische Reihe)

Oft auftretende unendliche Reihen sind:

$$\sum_{n=0}^{\infty} q^n = \frac{1}{1-q}, \quad |q| < 1, \quad \text{(geometrische Reihe)}$$

$$\sum_{n=1}^{\infty} \frac{1}{n} \quad \text{divergiert (harmonische Reihe)}$$

$$\sum_{n=1}^{\infty} (-1)^n \frac{1}{n}, \quad \text{bedingt konvergent}$$

$$\sum_{n=1}^{\infty} \frac{1}{n^{1+\alpha}} \quad \begin{cases} \text{konvergiert für } \alpha > 0 \\ \text{divergiert für } \alpha \leq 0. \end{cases}$$

Aufgaben: 3.1 - 3.4, auch 4.2, 4.5, 4.8,

4. Potenzreihen

Eine Reihe der Form $\sum_{n=0}^{\infty} a_n x^n = a_0 + a_1 x^1 + a_2 x^2 + a_3 x^3 + \ldots\ldots$

mit reellen Koeffizienten a_n und reellem x heißt eine (reelle) Potenzreihe.

Eine Reihe der Form $\sum_{n=0}^{\infty} a_n z^n = a_0 + a_1 z^1 + a_2 z^2 + a_3 z^3 + \ldots\ldots$

mit komplexen Koeffizienten a_n und komplexem z heißt eine (komplexe Potenzreihe.

Der Konvergenzradius ρ einer (reellen oder komplexen)Potenzreihe wird berechnet als

$$\rho = \frac{1}{\lim\limits_{n\to\infty}\left|\frac{a_{n+1}}{a_n}\right|} \quad \text{oder} \quad \rho = \frac{1}{\lim\limits_{n\to\infty}\sqrt[n]{|a_n|}}$$

Der Konvergenzkreis einer reellen (komplexen) Potenzreihe besteht aus den reellen Zahlen x mit $|x|<\rho$ oder gleichbedeutend $-\rho< x <\rho$ (komplexen Zahlen z mit $|z|<\rho$).

Satz 4.1: a) Innerhalb ihres Konvergenzkreises $|x|<\rho$ ($|z|<\rho$) ist die Potenzreihe absolut konvergent.

b) Für jede reelle Zahl r mit $0 \le r < \rho$ ist die Potenzreihe gleichmäßig konvergent für alle $|x|\le r$ ($|z|\le r$).

c) Außerhalb des Konvergenzkreises, also für x mit $|x|>\rho$ (für z mit $|z|>\rho$) ist die Potenzreihe divergent.

(Für einen Punkt auf dem Konvergenzkreis, d.h. für einen Punkt x mit $|x|=\rho$ (z mit $|z|=\rho$) ist die Kon= vergenz der Reihe gesondert nachzuprüfen. Siehe Abschnitt 3.)

Beispiel 4.1: $\frac{1}{1\cdot 2\cdot 3} + \frac{1}{2\cdot 3\cdot 4}x + \frac{1}{3\cdot 4\cdot 5}x^2 + \frac{1}{4\cdot 5\cdot 6}x^3 + \ldots\ldots$

Lösung: Konvergenzradius: $\rho = \frac{1}{\lim\limits_{n\to\infty}\left|\frac{a_{n+1}}{a_n}\right|}$; $a_n = \frac{1}{(n+1)(n+2)(n+3)}$;

$$\left|\frac{a_{n+1}}{a_n}\right| = \frac{(n+1)(n+2)(n+3)}{(n+2)(n+3)(n+4)} = \frac{n+1}{n+4} = \frac{1+\frac{1}{n}}{1+\frac{4}{n}}$$

$$\lim_{n\to\infty}\left|\frac{a_{n+1}}{a_n}\right| = \lim_{n\to\infty}\frac{1+\frac{1}{n}}{1+\frac{4}{n}} = 1 \;; \quad \rho = 1$$

<u>Beispiel 4.2:</u> $\sum\limits_{n=1}^{\infty} \frac{1000^n}{n^n} z^n$

<u>Lösung:</u> Konvergenzradius: $\varrho = \frac{1}{\lim\limits_{n\to\infty} \sqrt[n]{|a_n|}}$

$$a_n = \frac{1000^n}{n^n} \; ; \sqrt[n]{|a_n|} = \frac{1000}{n} \; ;$$

$$\lim_{n\to\infty} \sqrt[n]{|a_n|} = \lim_{n\to\infty} \frac{1000}{n} = 0 \; ; \quad \varrho = \infty .$$

<u>Beispiel 4.3:</u> $\sum\limits_{n=0}^{\infty} (3 + (-1)^n)\, x^n$

<u>Lösung:</u> Konvergenzradius:

$$a_n = 3 + (-1)^n = \begin{cases} 2 & \text{für ungerade } n \\ 4 & \text{für gerade } n \end{cases}$$

Berechnung von ϱ mit der Quotientenformel ist nicht möglich, denn die Folge $\frac{a_{n+1}}{a_n}$ ist abwechselnd gleich $\frac{4}{2}$ oder $\frac{2}{4}$, d.h. sie hat keinen Grenzwert.

Für die Wurzelformel erhält man

$$\sqrt[n]{|a_n|} = \begin{cases} \sqrt[n]{2} & \text{für ungerade } n \\ \sqrt[n]{4} & \text{für gerade } n \end{cases}$$

Für $n\to\infty$ erhält man in beiden Fällen den Grenzwert 1.

Also $\lim\limits_{n\to\infty} \sqrt[n]{|a_n|} = 1$ und somit ist $\varrho = 1$.

<u>4.1 Wichtige spezielle Potenzreihen</u>

1. <u>Geometrische Reihe:</u> $\sum\limits_{n=0}^{\infty} x^n = \frac{1}{1-x}$; $|x| < 1$; $(\varrho = 1)$

2. <u>Exponentialreihe:</u> $\sum\limits_{n=0}^{\infty} \frac{x^n}{n!} = e^x$; $|x| < \infty$; $(\varrho = \infty)$

3. <u>Sinusreihe:</u> $\sin x = x - \frac{x^3}{3!} + \frac{x^5}{5!} - \frac{x^7}{7!} + \ldots = \sum\limits_{n=0}^{\infty} (-1)^n \frac{x^{2n+1}}{(2n+1)!}$; ($\varrho$

4. <u>Cosinus -reihe:</u> $\cos x = 1 - \frac{x^2}{2!} + \frac{x^4}{4!} - \frac{x^6}{6!} + \ldots = \sum\limits_{n=0}^{\infty} (-1)^n \frac{x^{2n}}{(2n)!}$; $(\varrho = \infty)$

5. <u>Binomische Reihe:</u> $(1+x)^\alpha = 1 + \binom{\alpha}{1} x + \binom{\alpha}{2} x^2 + \ldots =$

$$= \sum_{n=0}^{\infty} \binom{\alpha}{n} x^n; \quad |x| < 1 \; ; \quad (\varrho = 1)$$

6. <u>Logarithmusreihe:</u> $\ln(1+x) = x - \frac{x^2}{2} + \frac{x^3}{3} - \frac{x^4}{4} + \ldots$

$$= \sum_{n=1}^{\infty} \frac{(-1)^{n+1}}{n} x^n; \quad -1 < x \leq 1 \; ; \quad (\varrho = 1)$$

(Obige Reihenentwicklungen gelten auch im Komplexen (z an Stelle von x), die Konvergenzradien sind die gleichen.)

4.2 Rechenregeln für Potenzreihen

1. Summe von Potenzreihen

Hat die Potenzreihe $\sum_{n=0}^{\infty} a_n x^n$ den Konvergenzradius ρ_1 und die Potenzreihe $\sum_{n=0}^{\infty} b_n x^n$ den Konvergenzradius ρ_2, dann hat die Summe $\sum_{n=0}^{\infty} (a_n + b_n) x^n$ den Konvergenzradius $\rho = \min(\rho_1, \rho_2)$.

Beispiel 4.2.1: $\sum_{n=1}^{\infty} (-1)^n (\frac{1}{n!} + \frac{1}{n}) x^n$ ist die Summe der beiden Potenzreihen $\sum_{n=1}^{\infty} (-1)^n \frac{x^n}{n!}$ und $\sum_{n=1}^{\infty} (-1)^n \frac{x^n}{n}$ mit $\rho_1 = \infty, \rho_2 = 1$

Konvergenzradius der Summe ist also $\rho = \min(\infty, 1) = 1$

Beispiel 4.2.2: $1 + z + \frac{1}{2^1} z^2 + z^3 + \frac{1}{2^2} z^4 + z^5 + \frac{1}{2^3} z^6 + \ldots$ ist die Summe der beiden Teilreihen

$$1 \quad + \frac{1}{2^1} z^2 \quad + \frac{1}{2^2} z^4 \quad + \frac{1}{2^3} z^6 \quad + \ldots$$

und

$$z \quad + z^3 \quad + z^5 \quad + \ldots$$

Die erste Teilreihe

$$1 + \frac{1}{2^1} z^2 + \frac{1}{2^2} z^4 + \frac{1}{2^3} z^6 + \ldots = \sum_{n=0}^{\infty} (\frac{z^2}{2})^n = \sum_{n=0}^{\infty} t^n$$

hat den Konvergenzbereich $|t| < 1$, also $|\frac{z^2}{2}| < 1$, also $|z| < \sqrt{2}$, also $\rho_1 = \sqrt{2}$.

Die zweite Teilreihe

$$z + z^3 + z^5 + \ldots = z(1 + z^2 + z^4 + \ldots) = z \sum_{n=0}^{\infty} z^{2n}$$

hat den Konvergenzradius $\rho_2 = 1$ (vergl. 4.2.3).

Also hat die Summe den Konvergenzradius $\rho = \min(\sqrt{2}, 1) = 1$.

2. Cauchy-Produkt

Für die Potenzreihen $\sum_{n=0}^{\infty} a_n x^n$ und $\sum_{n=0}^{\infty} b_n x^n$ ist das Produkt

$$(a_0 + a_1 x^1 + a_2 x^2 + \ldots)(b_0 + b_1 x^1 + b_2 x^2 + \ldots) = \sum_{n=0}^{\infty} c_n x^n$$

eine Potenzreihe mit den Koeffizienten

$$c_n = a_0 b_n + a_1 b_{n-1} + a_2 b_{n-2} + \ldots + a_n b_0 ,$$

und dem Konvergenzradius $\varrho = \min(\varrho_1, \varrho_2)$.

<u>Beispiel 4.2.3:</u> Mit Hilfe der Potenzreihenentwicklung für

$$e^x \quad \text{und} \quad \frac{1}{1-x}$$

gewinne man die Potenzreihenentwicklung für

$$\frac{e^x}{1-x} \quad .$$

<u>Lösung:</u> $e^x \cdot \frac{1}{1-x} = \sum_{n=0}^{\infty} \frac{1}{n!} x^n \cdot \sum_{n=0}^{\infty} x^n =$

$$= \left(\frac{1}{0!} + \frac{1}{1!}x^1 + \frac{1}{2!}x^2 + \ldots\right)(1 + x + x^2 + \ldots) =$$

$$= \underbrace{\frac{1}{0!} \cdot 1}_{c_0} + \underbrace{\left(\frac{1}{0!} \cdot 1 + \frac{1}{1!} \cdot 1\right)}_{c_1} x + \underbrace{\left(\frac{1}{0!} \cdot 1 + \frac{1}{1!} \cdot 1 + \frac{1}{2!} \cdot 1\right)}_{c_2} x^2 + \ldots \; .$$

allgemein: $a_n = \frac{1}{n!}$; $b_n = 1$

$$c_n = \frac{1}{0!} \cdot 1 + \frac{1}{1!} \cdot 1 + \frac{1}{2!} \cdot 1 + \ldots + \frac{1}{n!} \cdot 1 = \sum_{k=0}^{n}$$

also $e^x \cdot \frac{1}{1-x} = \sum_{n=0}^{\infty} \left(\sum_{k=0}^{n} \frac{1}{k!} \right) x^n$.

Konvergenzradius: $\varrho = \min(\varrho_1, \varrho_2) = \min(\infty, 1) = 1$

<u>3. Differentiation und Integration von Potenzreihen</u>

Die Potenzreihe $f(x) = \sum_{n=0}^{\infty} a_n x_n$ ist innerhalb ihres Konvergenz

kreises $|x| < \varrho$ gliedweise differenzierbar

$$f'(x) = \sum_{n=0}^{\infty} n \cdot a_n x^{n-1} = \sum_{m=0}^{\infty} (m+1) a_{m+1} x^m$$

und gliedweise integrierbar

$$\int_0^x f(t)dt = \sum_{n=0}^{\infty} \frac{a_n}{n+1} x^{n+1} = \sum_{m=1}^{\infty} \frac{a_{m-1}}{m} x^m \; .$$

Die dabei entstehenden Potenzreihen haben denselben Konver=
genzradius ϱ.

Beispiel 4.2.4: $f(x) = \frac{1}{1-x} = \sum_{n=0}^{\infty} x^n \; ; |x| < 1$

$$f'(x) = \frac{1}{(1-x)^2} = \sum_{n=0}^{\infty} n\, x^{n-1} = \sum_{m=0}^{\infty} (m+1)x^m \; ; |x| < 1$$

$$\int_0^x f(t)dt = -\ln(1-x) = \sum_{n=0}^{\infty} \frac{1}{n+1} x^{n+1} = \sum_{m=1}^{\infty} \frac{1}{m} x^m \; ; |x| < 1.$$

4.3 Transformationen von Potenzreihen

Steht an Stelle von x ein Ausdruck $t = t(x)$, so diskutiert man die Potenzreihe in t, berechnet deren Konvergenzradius und er= mittelt so den Bereich derjenigen x, für welche die Reihe in x konvergiert.

1. An Stelle von x steht $t = x-x_0$:

$$\sum_{n=0}^{\infty} a_n(x-x_0)^n = a_0 + a_1(x-x_0)^1 + a_2(x-x_0)^2 + \ldots$$

Konvergenzkreis: $|x-x_0| < \varrho$.

Beispiel 4.3.1: $\sum_{n=0}^{\infty} (x+3)^n$

Dies ist die geometrische Reihe für $t = x+3 = x-(-3)$, also $x_0 = -3$.

Nach 4.1.1 gilt $\sum_{n=0}^{\infty} (x+3)^n = \sum_{n=0}^{\infty} t^n = \frac{1}{1-t} = \frac{1}{1-(x+3)} = -\frac{1}{x+2}$

Konvergenzkreis: $|x+3| = |t| < \varrho = 1$.

2. An Stelle von x steht $t = \alpha x$:

Beispiel 4.3.2: $\sum_{n=0}^{\infty} (-2)^n x^n = \sum_{n=0}^{\infty} (-2x)^n = \sum_{n=0}^{\infty} t^n = \frac{1}{1-t} = \frac{1}{1-(-2x)} = \frac{1}{1+2x}$

Konvergenzkreis: $|-2x| = |t| < 1$, also $|x| < \frac{1}{2}$.

3. An Stelle von x steht $t = x^r$

Beispiel 4.3.3: $\sum_{n=0}^{\infty} x^{3n} = \sum_{n=0}^{\infty} (x^3)^n = \sum_{n=0}^{\infty} t^n = \frac{1}{1-t} = \frac{1}{1-x^3}$

Konvergenzkreis: $|x^3| = |t| < 1$, also $|x| < \sqrt[3]{1} = 1$

4.4 Reihenentwicklung von Funktionen

4.4.1 Reihenentwicklung von rationalen Funktionen

Rationale Funktionen, das sind Funktionen der Form

$$f(x) = \frac{a_0 + a_1 x + a_2 x^2 + \ldots + a_m x^m}{b_0 + b_1 x + b_2 x^2 + \ldots + b_n x^n}$$

lassen sich stets mit Hilfe der geometrischen Reihe in Potenz= reihen entwickeln.

<u>Beispiel 4.4.1:</u> Reihenentwicklung von $f(x)=\frac{1}{3-x^3}$ um $x_0=0$

<u>Lösung:</u> f(x) wird in Terme der geometrischen Reihe

$\frac{1}{1-t}=\sum_{n=0}^{\infty} a_n t^n$ zerlegt.

$$f(x)=\frac{1}{3-x^3}=\frac{1}{3}\cdot\frac{1}{1-\frac{x^3}{3}}=\frac{1}{3}\cdot\frac{1}{1-t}=\frac{1}{3}\sum_{n=0}^{\infty} t^n=\frac{1}{3}\sum_{n=0}^{\infty}\left(\frac{x^3}{3}\right)^n=\frac{1}{3}\sum_{n=0}^{\infty}\frac{1}{3^n}$$

$\left|\frac{x^3}{3}\right|=|t|<1$, also $|x|<\sqrt[3]{3}$.

<u>Beispiel 4.4.2:</u> Reihenentwicklung von $f(x)=\frac{5-2x}{6-5x+x^2}$ um $x_0=0$

<u>Lösung:</u> Um Terme der Gestalt $\frac{t}{1-t}$ zu erhalten, macht man eine Partialbruchzerlegung von f(x).

Nullstellen des Nenners: $x_1=3$, $x_2=2$

Ansatz: $\frac{5-2x}{6-5x+x^2}=\frac{A}{x-3}+\frac{B}{x-2}\Rightarrow 5-2x=A(x-2)+B(x-3)$

Koeffizientenvergleich: $\left.\begin{array}{l} x^0: 5=-2A-3B \\ x^1: -2=A+B \end{array}\right\}\begin{array}{l} A=-1 \\ B=-1 \end{array}$

damit ist $f(x)=\frac{1}{3-x}+\frac{1}{2-x}=\frac{1}{3}\cdot\frac{1}{1-\frac{x}{3}}+\frac{1}{2}\cdot\frac{1}{1-\frac{x}{2}}=$

$$=\frac{1}{3}\sum_{n=0}^{\infty}\left(\frac{x}{3}\right)^n+\frac{1}{2}\sum_{n=0}^{\infty}\left(\frac{x}{2}\right)^n=\sum_{n=0}^{\infty}\left(\frac{1}{3^{n+1}}+\frac{1}{2^{n+1}}\right)$$

Konvergenz für $\left|\frac{x}{3}\right|<1$ und $\left|\frac{x}{2}\right|<1$, d.h. für $|x|<3$ und $|x$

also für $|x|<\min(2,3)=2$.

<u>Beispiel 4.4.3:</u> Reihenentwicklung von $f(x)=\frac{x}{3-2x+x^2}$ um $x_0=1$

<u>Lösung:</u> Die Funktion ist in Potenzen von (x-1) zu entwickeln. Deshalb ist f(x) zunächst so umzuformen, daß nur Term in (x-1) vorkommen.

$$f(x)=\frac{x}{3-2x+x^2}=\frac{(x-1)+1}{(x-1)^2+2}$$

Zerlegung in Terme der Form $\frac{1}{1-t}$:

$$f(x)=\frac{(x-1)+1}{(x-1)^2+2}=(x-1)\cdot\frac{1}{(x-1)^2+2}+1\cdot\frac{1}{(x-1)^2+2}=$$

$$=(x-1)\cdot\frac{1}{2}\cdot\frac{1}{1-(-\frac{(x-1)^2}{2})}+\frac{1}{2}\cdot\frac{1}{1-(-\frac{(x-1)^2}{2})}=$$

$$=\frac{1}{2}\cdot(x-1)\cdot\sum_{n=0}^{\infty}(-\frac{(x-1)^2}{2})^n+\frac{1}{2}\sum_{n=0}^{\infty}(-\frac{(x-1)^2}{2})^n=$$

$$=\frac{1}{2}\sum_{n=0}^{\infty}\frac{(-1)^n}{2^n}(x-1)^{2n+1}+\frac{1}{2}\sum_{n=0}^{\infty}\frac{(-1)^n}{2^n}(x-1)^{2n}$$

Konvergenz für $\left|-\frac{(x-1)^2}{2}\right|<1$ also $|x-1|<\sqrt{2}$.

4.4.2 Reihenentwicklung durch bekannte Reihen

Beispiel 4.4.4: Reihenentwicklung von $f(x)=\sin x$ um $x_0=\frac{\pi}{4}$.

Lösung: Die Funktion ist in Potenzen von $(x-\frac{\pi}{4})$ zu entwickeln. Deshalb ist $f(x)$ so umzuformen, daß Terme in $(x-\frac{\pi}{4})$ vorkommen.

$$f(x)=\sin x=\sin((x-\frac{\pi}{4})+\frac{\pi}{4})=\sin(x-\frac{\pi}{4})\cos\frac{\pi}{4}+\cos(x-\frac{\pi}{4})\sin\frac{\pi}{4}$$

$$=\frac{\sqrt{2}}{2}\sin(x-\frac{\pi}{4})+\frac{\sqrt{2}}{2}\cos(x-\frac{\pi}{4})=$$

$$=\frac{\sqrt{2}}{2}\left(\sum_{n=0}^{\infty}\frac{(-1)^n}{(2n+1)!}(x-\frac{\pi}{4})^{2n+1}+\sum_{n=0}^{\infty}\frac{(-1)^n}{(2n)!}(x-\frac{\pi}{4})^{2n}\right)$$

Konvergenz für $|x-\frac{\pi}{4}|<\infty$, also $|x|<\infty$.

Beispiel 4.4.5: Reihenentwicklung von $f(x)=e^{\sin x}$ um $x_0=0$ bis zur 4. Potenz einschließlich.

Lösung: $\sin x=x-\frac{x^3}{3!}+\frac{x^5}{5!}\mp\dots$

$$e^t=1+t+\frac{t^2}{2!}+\frac{t^3}{3!}+\frac{t^4}{4!}+\dots \text{ mit } t=\sin x:$$

$$e^{\sin x}=1+(x-\frac{x^3}{3!}\pm\dots)+\frac{1}{2!}(x^2-\frac{2}{3!}x^4\pm\dots)+$$

$$+\frac{1}{3!}(x^3\mp\dots)+\frac{1}{4!}(x^4\mp\dots)+\dots=$$

$$=1+x+\frac{1}{2}x^2-\frac{1}{8}x^4\pm\dots$$

4.4.3 Taylorreihenentwicklung

Taylorreihe von $f(x)$ um $x = x_0$:

$$f(x)=\sum_{n=0}^{\infty}\frac{f^{(n)}(x_0)}{n!}\,(x-x_0)^n=$$

$$= f(x_0)+ f'(x_0)(x-x_0)+ \frac{1}{2!}\, f''(x_0)(x-x_0)^2+ \frac{1}{3!}\, f'''(x_0)(x-x_0)^3+ \ldots$$

Bricht man die Taylorreihe mit dem n-ten Glied ab, so gilt für

den Rest $\qquad R_n(x) = \frac{1}{(n+1)!}f^{(n+1)}(\xi)(x-x_0)^{n+1}$ $\qquad$ (Restglied)

für ein ξ zwischen x_0 und x, oder $\quad R_n(x) = \frac{1}{n!}\int_{x_0}^{x}(x-t)^n\, f^{(n)}(t)dt$

Die Funktion $f(x)$ wird durch ihre Taylorreihe dargestellt,

wenn $\lim\limits_{n\to\infty} R_n(x) = 0$ gilt.

Beispiel 4.4.6: Taylorentwicklung von $f(x)=(e^x-1)^2$ um $x_0= 0$

Lösung: $f(x) = (e^x-1)^2= e^{2x}-2e^x+1 \qquad f(0) = 0$

$f'(x) = 2e^{2x}-2e^x \qquad f'(0)= 0$

$f''(x) = 4e^{2x}-2e^x \qquad f''(0)= 2$

.

.

$f^{(n)}(x)= 2^ne^{2x}-2e^x \qquad f^{(n)}(0)= 2^n-2$

Die zu $f(x)= (e^x-1)^2$ gehörende Taylorreihe um $x_0= 0$

lautet also $\sum_{n=0}^{\infty}\frac{2^n-2}{n!}\,x^n$

Der Konvergenzradius dieser Reihe ist $\varrho = \infty$.

Für das Restglied erhält man $R_n(x)= \frac{x^{n+1}}{(n+1)!}\,(2^{n+1}e^{2\xi}-2e$

$|R_n(x)| \le \frac{|x|^{n+1}}{(n+1)!}(2^{n+1}|e^{2\xi}|+2|e^{\xi}|)$, mit ξ zwischen 0 und

Da $e^{2\xi}$ und e^{ξ} monoton wachsende Funktionen sind, erhäl
man im Falle
$0 < \xi < x$ die Abschätzung $|R_n(x)| \le \frac{x^{n+1}}{(n+1)!}\,(2^{n+1}\cdot e^{2x}+2e^x$
und im Falle
$x < \xi < 0$ die Abschätzung $|R_n(x)| \le \frac{x^{n+1}}{(n+1)!}\,(2^{n+1}+2)$.

In beiden Fällen gilt $\lim_{n\to\infty} |R_n(x)| = 0$, also wird die Funktion $f(x)=(e^x-1)^2$ durch ihre Taylorreihe um $x_0=0$ dargestellt.

4.4.4: Reihenentwicklung durch Ansatz und Koeffizientenvergleich

Gelegentlich ist es von Vorteil einen allgemeinen Potenzreihenansatz in die Bestimmungsgleichung für f(x) einzusetzen und die unbekannten Koeffizienten durch Koeffizientenvergleich zu bestimmen.

Beispiel 4.4.7: Man entwickle die Funktion $f(x)=\frac{x\sin x}{\cos x-1}$ an der Stelle $x_0=0$ in eine Potenzreihe bis zum Gliede mit x^4.

Lösung: Die Reihenentwicklungen für Zähler und Nenner in der Definitionsgleichung für f(x) sind bekannt. Für das Produkt zweier Potenzreihen hat man fertige Formeln (Cauchy-Produkt) aber nicht für den Quotienten. Deshalb multipliziert man die Definitionsgleichung von f(x) mit dem Nenner durch:

$$(\cos x-1)f(x)=x\sin x.$$

In diese Bestimmungsgleichung setzt man den Potenzreihenansatz

$$f(x)=\sum_{n=0}^{\infty} a_n x^n \text{ ein.}$$

$$\left(-\frac{1}{2!}x^2+\frac{1}{4!}x^4-\frac{1}{6!}x^6+-\ldots\right)(a_0+a_1x+a_2x^2+a_3x^3+\ldots)=$$
$$=x^2-\frac{1}{3!}x^4+\frac{1}{5!}x^6-+\ldots$$

Auf der linken Seite steht nun ein Cauchy-Produkt von Potenzreihen. Koeffizientenvergleich mit der rechten Seite liefert:

$$x^2 : -\frac{1}{2}a_0 = 1 \qquad \Rightarrow a_0=-2$$
$$x^3 : -\frac{1}{2}a_1 = 0 \qquad \Rightarrow a_1=0$$
$$x^4 : -\frac{1}{2}a_2+\frac{1}{24}a_0=-\frac{1}{6} \Rightarrow a_2=\frac{1}{6}$$
$$x^5 : -\frac{1}{2}a_3+\frac{1}{24}a_1=0 \Rightarrow a_3=0$$
$$x^6 : -\frac{1}{2}a_4+\frac{1}{24}a_2-\frac{1}{720}a_0=\frac{1}{120} \Rightarrow a_4=\frac{1}{360}$$

Also ist $f(x)=-2+\frac{1}{6}x^2+\frac{1}{360}x^4+\ldots$

Aufgaben: 4.1 - 4.13, auch 5.5, 13.4

5. Grenzwertberechnung

5.1 Ausdrücke der Form "$\frac{0}{0}$"

Der Grenzwert $\lim\limits_{x\to x_0}\frac{f(x)}{g(x)}$ läßt sich für in x_0 stetige Funktionen f(x) und g(x) nur dann als $\frac{f(x_0)}{g(x_0)}$ berechnen, wenn $g(x_0)\neq 0$ ist. Im Fall $g(x_0)=0$ versagt diese Regel. Falls auch $f(x_0)=0$ ist, dann <u>kann</u> der Grenzwert $\lim\limits_{x\to x_0}\frac{f(x)}{g(x)}$ existieren. Die Berechnung dieses Grenzwertes gelingt meist durch eine der beiden fol= genden Methoden.
(Die Stelle x_0 kann dabei auch $+\infty$ oder $-\infty$ sein.)

a) <u>Potenzreihenentwicklung von f(x) und g(x)</u>

<u>Beispiel 5.1.1:</u> $\lim\limits_{x\to 0}\frac{x-\sin x}{e^x-1-x-\frac{1}{2}x^2}$

<u>Lösung:</u> Ausdruck der Form "$\frac{0}{0}$". Reihenentwicklung von Zähler und Nenner führt zu

$$\lim_{x\to 0}\frac{x-\sin x}{e^x-1-x-\frac{1}{2}x^2}=\lim_{x\to 0}\frac{x-(x-\frac{x^3}{3!}+\frac{x^5}{5!}\mp\ldots)}{1+x+\frac{x^2}{2!}+\frac{x^3}{3!}+\frac{x^4}{4!}+\ldots-1-x-\frac{1}{2}x^2}=$$

$$=\lim_{x\to 0}\frac{\frac{x^3}{6}-\frac{x^5}{5!}\pm\ldots}{\frac{x^3}{6}+\frac{x^4}{4!}+\ldots}=\lim_{x\to 0}\frac{\frac{1}{6}-\frac{x^2}{5!}\pm\ldots}{\frac{1}{6}+\frac{x}{4!}+\ldots}=1$$

b) <u>Regel von L'Hospital</u>

Falls $f(x_0)=g(x_0)=0$, dann gilt (für stetig differenzierbare f und g)

$$\lim_{x\to x_0}\frac{f(x)}{g(x)}=\lim_{x\to x_0}\frac{f'(x)}{g'(x)}$$

<u>Beispiel 5.1.2:</u> $\lim\limits_{x\to\frac{\pi}{4}}\frac{\sqrt{2}\cos x-1}{1-\operatorname{tg}x}$

<u>Lösung:</u> $f(\frac{\pi}{4})=g(\frac{\pi}{4})=0$; Regel von L'Hospital

$$\lim_{x\to\frac{\pi}{4}}\frac{\sqrt{2}\cos x-1}{1-\operatorname{tg}x}=\lim_{x\to\frac{\pi}{4}}\frac{-\sqrt{2}\sin x}{-\frac{1}{\cos^2 x}}=\frac{-\sqrt{2}\,\frac{1}{2}\sqrt{2}}{-(\frac{2}{\sqrt{2}})^2}=\frac{1}{2}$$

Beispiel 5.1.3: $\lim\limits_{x\to 0} \dfrac{x-\sin x}{e^x-1-x-\frac{1}{2}x^2}$

Lösung: f(0)= g(0)= 0 ; Regel von L'Hospital:

$$\lim_{x\to 0} \frac{x-\sin x}{e^x-1-x-\frac{1}{2}x^2} = \lim_{x\to 0} \frac{1-\cos x}{e^x-1-x}$$

Dies ist wieder ein Ausdruck der Form $"\frac{0}{0}"$.

Erneute Anwendung der Regel von L'Hospital:

$$\lim_{x\to 0} \frac{1-\cos x}{e^x-1-x} = \lim_{x\to 0} \frac{\sin x}{e^x-1}$$

Dies ist wieder ein Ausdruck der Form $"\frac{0}{0}"$.

Erneute Anwendung der Regel von L'Hospital:

$$\lim_{x\to 0} \frac{\sin x}{e^x-1} = \lim_{x\to 0} \frac{\cos x}{e^x} = \frac{1}{1} = 1 .$$

5.2 Ausdrücke der Form $"\frac{\infty}{\infty}"$

Ist in dem Ausdruck $\frac{f(x)}{g(x)}$ beim Grenzübergang x gegen x_0 sowohl $\lim\limits_{x\to x_0} f(x)= \infty$ als auch $\lim\limits_{x\to x_0} g(x)= \infty$, dann kann man ebenfalls die Regel von L'Hospital anwenden:

$$\lim_{x\to x_0} \frac{f(x)}{g(x)} = \lim_{x\to x_0} \frac{f'(x)}{g'(x)} .$$

(Die Stelle x_0 kann dabei auch + ∞ oder - ∞ sein.)

Beispiel 5.2.1: $\lim\limits_{x\to\infty} \dfrac{x^2}{e^{px}}$; $p > 0$

Lösung: $x_0= \infty$; $\lim\limits_{x\to\infty} f(x)= \lim\limits_{x\to\infty} g(x)= \infty$; Regel von L'Hospital:

$$\lim_{x\to\infty} \frac{x^2}{e^{px}} = \lim_{x\to\infty} \frac{2x}{pe^{px}}$$

Dies ist wieder ein Ausdruck der Form $"\frac{\infty}{\infty}"$.

Anwendung der Regel von L'Hospital:

$$\lim_{x\to\infty} \frac{2x}{pe^{px}} = \lim_{x\to\infty} \frac{2}{p^2e^{px}} = \frac{2}{\infty} = 0$$

5.3 Ausdrücke der Form $"\infty - \infty"$, $"0\cdot\infty"$, $"1^\infty"$, $"0^0"$, $"\infty^0"$

Durch Umformen erzeugt man Ausdrücke der Form $"\frac{0}{0}"$ oder $"\frac{\infty}{\infty}"$.

Beispiel 5.3.1: $\lim\limits_{n\to\infty} (\sqrt{n^2+n} - n)$

Lösung: Ausdruck der Form "$\infty - \infty$" ; Umformen:

$$\lim_{n\to\infty} (\sqrt{n^2+n} - n) = \lim_{n\to\infty} \frac{(\sqrt{n^2+n} - n)\,\frac{1}{n}}{\frac{1}{n}} = \lim_{n\to\infty} \frac{\sqrt{1+\frac{1}{n}} - 1}{\frac{1}{n}} =$$

$$= \lim_{x\to 0} \frac{\sqrt{1+x} - 1}{x} \text{ mit } \frac{1}{n} = x \text{ ; Ausdruck der Form } \text{"}\frac{0}{0}\text{"}$$

$$\lim_{x\to 0} \frac{\sqrt{1+x} - 1}{x} = \lim_{x\to 0} \frac{\frac{1}{2\sqrt{1+x}} - 0}{1} = \frac{1}{2}$$

Beispiel 5.3.2: $\lim\limits_{x\to 0} x \cdot \ln x$

Lösung: Ausdruck der Form "$0 \cdot (-\infty)$" ; Umformen:

$$\lim_{x\to 0} x \cdot \ln x = \lim_{x\to 0} \frac{\ln x}{\frac{1}{x}} \text{ ; Ausdruck der Form } \text{"}\frac{\infty}{\infty}\text{"}$$

$$\lim_{x\to 0} \frac{\ln x}{\frac{1}{x}} = \lim_{x\to 0} \frac{\frac{1}{x}}{-\frac{1}{x^2}} = \lim_{x\to 0} (-x) = 0$$

Beispiel 5.3.3: $\lim\limits_{x\to 0} (1+x)^{\frac{1}{x}}$

Lösung: Ausdruck der Form "1^{∞}" ; Umformen:

$$(1+x)^{\frac{1}{x}} = e^{\ln((1+x)^{\frac{1}{x}})} = e^{\frac{1}{x}\ln(1+x)}$$

Grenzübergang im Exponenten: $\lim\limits_{x\to 0} \frac{\ln(1+x)}{x}$, Ausdruck "$\frac{0}{0}$"

$$\lim_{x\to 0} \frac{\ln(1+x)}{x} = \lim_{x\to 0} \frac{\frac{1}{1+x}}{1} = 1$$

$$\text{Damit } \lim_{x\to 0} (1+x)^{\frac{1}{x}} = \lim_{x\to 0} e^{\frac{1}{x}\ln(1+x)} = e^{\lim\limits_{x\to 0} \frac{1}{x}\ln(1+x)} = e^1$$

Beispiel: 5.3.4: $\lim\limits_{x\to 0} x^x$

Lösung: Ausdruck der Form "0^0" ; Umformen:

$$x^x = e^{x \cdot \ln x}$$

Grenzübergang im Exponenten: $\lim\limits_{x\to 0} x \cdot \ln x = 0$, vergl. Beispiel 5.3.2.

$$\text{Damit } \lim_{x\to 0} x^x = \lim_{x\to 0} e^{x \cdot \ln x} = e^{\lim\limits_{x\to 0} x \cdot \ln x} = e^0 = 1 .$$

<u>Beispiel 5.3.5:</u> $\lim\limits_{x\to 3} (1+\frac{1}{x-3})^{x-3}$

<u>Lösung:</u> Ausdruck der Form "∞^0" ; Umformen:

$$(1+\frac{1}{x-3})^{x-3} = e^{(x-3)\ln(1+\frac{1}{x-3})}$$

Grenzübergang im Exponenten $\lim\limits_{x\to 3} (x-3)\ln(1+\frac{1}{x-3})$

Ausdruck der Form "$0\cdot\infty$"

$$\lim_{x\to 3} (x-3)\ln(1+\frac{1}{x-3}) = \lim_{x\to 3} \frac{\ln(1+\frac{1}{x-3})}{\frac{1}{x-3}} \text{, Ausdruck } "\frac{0}{0}"$$

$$\lim_{x\to 3} \frac{\ln(1+\frac{1}{x-3})}{\frac{1}{x-3}} = \lim_{x\to 3} \frac{\frac{1}{1+\frac{1}{x-3}}\left(-\frac{1}{(x-3)^2}\right)}{-\frac{1}{(x-3)^2}} = \lim_{x\to 3} \frac{1}{1+\frac{1}{x-3}} = 0$$

Damit $\lim\limits_{x\to 3} (1+\frac{1}{x-3})^{x-3} = e^{\lim\limits_{x\to 3} (x-3)\cdot\ln(1+\frac{1}{x-3})} = e^0 = 1$.

Aufgaben: 5.1 - 5.5, auch 6.9

6. Funktion einer Veränderlichen

Bei der Diskussion einer Funktion f(x) einer Veränderlichen interessieren die folgenden Eigenschaften:

a) **Maximaler Definitionsbereich:**

Man sucht die Punkte x, für die f(x) erklärt ist.

b) **Nullstellen:**

Man sucht die Punkte x, für die f(x)= 0 gilt.

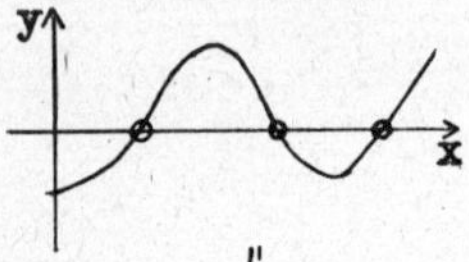

c) **Pole:**

Man sucht die Punkte x, für die $f(x)= \pm \infty$ gilt.

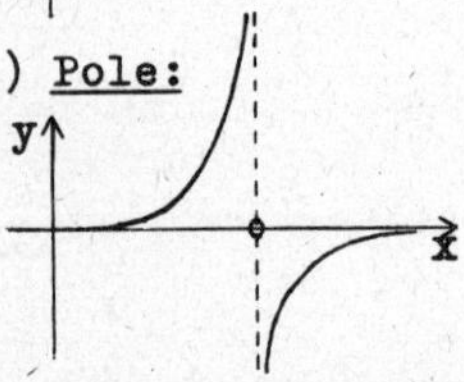

d) **Lokale Extremwerte:**

Man sucht die Punkte x, für die $f'(x)= 0$ gilt; und zwar liegt ein lokales Maximum vor, falls $f''(x) < 0$, lokales Minimum vor, falls $f''(x) > 0$. (Falls auch $f''(x)= 0$ ist, hat man noch keine Aussage.)

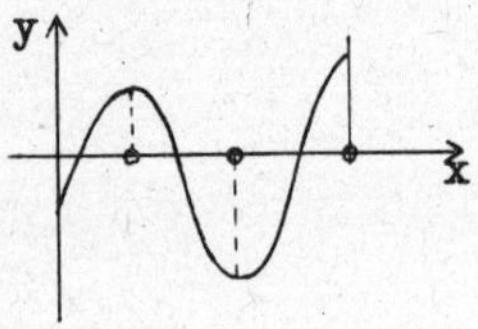

e) **Wendepunkte:**

Man sucht die Punkte x, für die $f''(x)= 0$ ist. Es liegt ein Wendepunkt vor, falls zusätzlich $f'''(x) \neq 0$ ist. (Falls auch $f'''(x)= 0$ ist, hat man noch keine Aussage.)

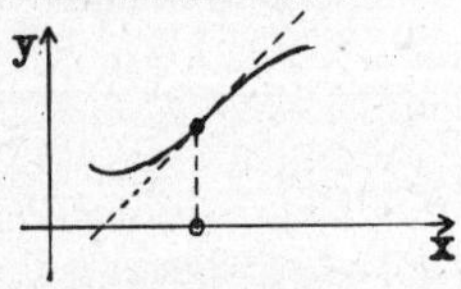

f) **Tangenten:**

Die Tangente von f(x) an der Stelle x_0 ist die Gerade $y=f(x_0)+f'(x_0)(x-x_0)$

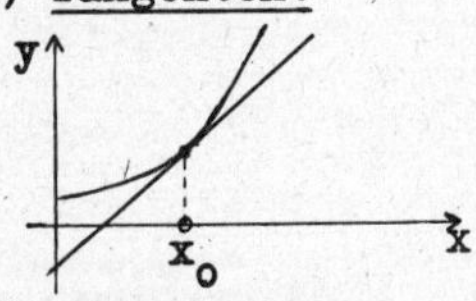

g) **Asymptoten:**

Man untersucht f(x) für x gegen ∞. Ist $\lim\limits_{x\to\infty} f(x)= b$ endlich, dann ist die horizontale Gerade y=b Asymptote von f(x) für x gegen ∞. Ist $\lim\limits_{x\to\infty} f(x)$ nicht end lich, so untersucht man f(x)/ x für x gege Ist $\lim\limits_{x\to\infty} \frac{f(x)}{x} = a$ endlich, und ist

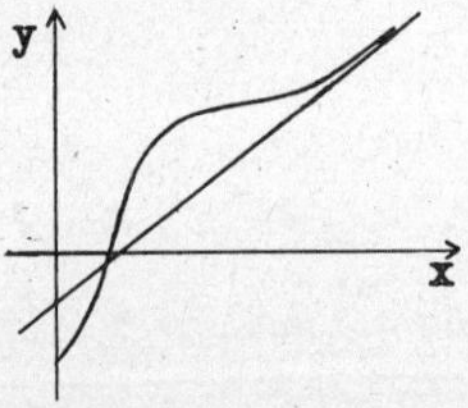

$\lim_{x\to\infty}(f(x) - ax) = b$ endlich, dann ist die Gerade $y=ax+b$ Asymptote von $f(x)$ für x gegen ∞.

Entsprechende Untersuchung für x gegen $-\infty$.

h) <u>Monotonie:</u>

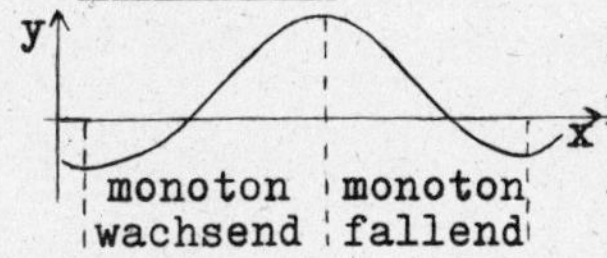

Falls $f'(x) \geq 0$ in einem Bereich ist, so ist $f(x)$ dort <u>monoton wachsend</u>.
Falls $f'(x) \leq 0$ in einem Bereich ist, so ist $f(x)$ dort <u>monoton fallend</u>.

i) <u>Symmetrie:</u>

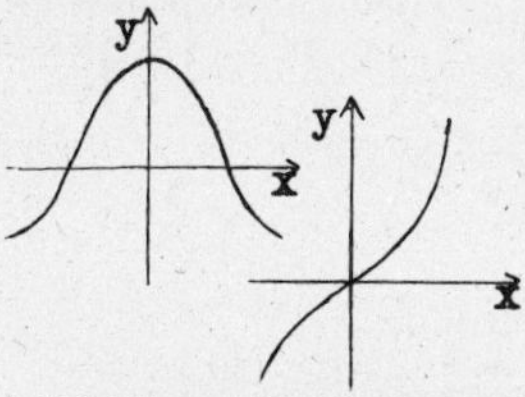

Die Funktion $f(x)$ ist eine <u>gerade Funktion</u>, falls sie symmetrisch zur y-Achse ist; d.h. falls $f(-x)= f(x)$ gilt.
Die Funktion $f(x)$ ist eine <u>ungerade Funktion</u>, falls sie symmetrisch zum Koordinatenursprung ist, d.h. falls $f(-x)=-f(x)$ gilt.

6.1 Differentiationsregeln

Die folgenden Ableitungsregeln sollte man ohne Zuhilfenahme von Tabellen beherrschen:

$(a)' = 0$ $\qquad$ $(x^n)' = n\cdot x^{n-1}$

$(\ln x)' = \frac{1}{x}$ $\qquad$ $(e^x)' = e^x$

$(\sin x)' = \cos x$ $\qquad$ $(\cos x)' = -\sin x$

$(a\cdot f(x))' = a\cdot f'(x)$ $\qquad$ $(f+g)' = f' + g'$

$(f\cdot g)' = f'g + f\cdot g'$ $\qquad$ $\left(\frac{f}{g}\right)' = \frac{g\cdot f' - f\cdot g'}{g^2}$

$(f(g(x)))' = f'(g(x))g'(x)$ (<u>Kettenregel</u>)

<u>Beispiel 6.1.1:</u> $(e^{x^2})'$

<u>Lösung:</u> $f(y) = e^y$, $y = g(x) = x^2$

$f'(y) = e^y$, $g'(x) = 2x$

$(e^{x^2})' = e^y\cdot 2x = 2x\cdot e^{x^2}$

<u>Beispiel 6.1.2:</u> $(x^{\sin x})'$

Lösung: $x^{\sin x} = e^{\sin x\cdot\ln x}$

$(e^{\sin x\cdot\ln x})' = e^{\sin x\cdot\ln x}(\cos x\cdot\ln x + \sin x\cdot\frac{1}{x}) =$

$= (\cos x\cdot\ln x + \frac{1}{x}\cdot\sin x)\, x^{\sin x}$

<u>Bemerkung:</u> Die Ableitungen weiterer Standardfunktionen schlage man in Formelsammlungen nach.

6.2 Polynome

Ein Polynom ist eine Funktion der Form

$$P(x) = a_n x^n + a_{n-1} x^{n-1} + \dots a_1 x + a_0$$

(Falls $a_n \neq 0$ ist, so ist dies ein Polynom n-ten Grades.)

a) Den Wert eines Polynoms an der Stelle x_0 berechnet man am günstigsten mit Hilfe des Hornerschemas.

	a_n	a_{n-1}	a_{n-2}	...	a_1	a_o	+
x_o	0	$x_o \cdot b_{n-1}$	$x_0 \cdot b_{n-2}$	...	$x_0 \cdot b_1$	$x_0 \cdot b_0$	
	b_{n-1}	b_{n-2}	b_{n-3}	...	b_0	$P(x_0)$	

Beispiel 6.2.1: $P(x) = x^5 + 2x^4 - 7x^3 + x^2 + 2x - 17$; $x_0 = 2$

Lösung:

	1	2	-7	1	2	-17
$x_0=2$	0	2·1	2·4	2·1	2·3	16
	1	4	1	3	8	-1 = P(2)

Achtung: Treten in einem Polynom n-ten Grades nicht alle Potenzen x^0, x^1, x^2 , ... x^n auf, so sind die entsprechenden Lücken im Hornerschema als Nullen aufzufüllen.

Beispiel 6.2.2: $P(x) = x^5 - 2x^2 + 1$

Lösung:

	1	0	0	-2	0	1
$x_0=-2$	0	-2	4	-8	20	-40
	1	-2	4	-10	20	-39 = P(-2)

b) Nullstellen von Polynomen

Für ein Polynom 2-ten Grades $P(x) = a_2 x^2 + a_1 x^1 + a_0$ berechnen sich die Nullstellen $x_{1,2} = \frac{1}{2a_2}(-a_1 \pm \sqrt{a_1^2 - 4a_0 a_2})$.

Für ein Polynom höheren Grades kann man in manchen Fällen eine Nullstelle systematisch erraten:

Hat ein Polynom n-ten Grades P(x) ganzzahlige Koeffizienten, so prüft man, ob unter den Teilern von a_0 eine Nullstelle ist; d.h. man rechnet nacheinander für die Teiler von a_0 das Hornerschema durch und hofft, daß sich der Endwert 0 ergibt.

Hat man Glück und eine Nullstelle x_1 des Polynoms gefunden, so hat P(x) die Gestalt $P(x)=(x-x_1)\cdot Q(x)$, dabei ist Q(x) ein Polynom (n-1)-ten Grades:

$Q(x)=b_{n-1}x^{n-1}+b_{n-2}x^{n-2}+\ldots b_1x+b_0$. Die Koeffizienten $b_{n-1}, b_{n-2} \ldots b_1, b_0$ liest man aus der Schlußzeile des Hornerschemas ab.

Die weiteren Nullstellen von P(x) findet man, indem man nach dem gleichen Verfahren die Nullstellen von Q(x) sucht.

Beispiel 6.2.3: Nullstellen von $P(x)=x^4+4x^3+5x^2+4x+4$

Lösung: $a_0=4$; probieren mit ganzzahligen Teilern von 4: $\pm 1, \pm 2, \pm 4$:

Hornerschema:	1	4	5	4	4
$x_1=-2$	0	-2	-4	-2	-4
	1	2	1	2	0 = P(-2)

Also ist $x_1=-2$ eine Nullstelle von P(x), damit gilt

$P(x)=(x-(-2))\cdot Q(x)$ mit $Q(x)=1\cdot x^3+2x^2+1\cdot x+2$.

Bestimmung der Nullstellen von Q(x):

$b_0=2$; probieren mit den Teilern von 2: $\pm 1, \pm 2$:

Hornerschema:	1	2	1	2
$x_2=-2$	0	-2	0	-2
	1	0	1	0 = Q(-2)

Also ist $x_2=-2$ eine Nullstelle von Q(x) und damit gilt

$Q(x)=(x-(-2))\cdot R(x)$ mit $R(x)=1\cdot x^2+0\cdot x+1$.

Die Nullstellen des quadratischen Polynoms $R(x)=x^2+1$ sind $x_3=+i$, $x_4=-i$.

Die Nullstellen des Polynoms P(x) sind demnach:

$x_1=x_2=-2$ zweifache Nullstelle, $x_3=+i$, $x_4=-i$ einfache konjugiert komplexe Nullstellen.

Bemerkungen: Jedes Polynom P(x) n-ten Grades besitzt n Nullstellen $x_1, x_2, x_3, \ldots, x_n$ und kann in der Form

$$P(x)=a_n\cdot(x-x_1)\cdot(x-x_2)\cdot(x-x_3)\cdot\ldots\cdot(x-x_n)$$

geschrieben werden. Dabei müssen die x_j nicht voneinander verschieden sein. Tritt eine Null=stelle k-mal auf, so nennt man sie eine k-fache Nullstelle.

Die Nullstellen können auch komplex sein. Sie treten dann immer in konjugiert komplexen Paaren auf.

Beispiel 6.2.4: Das Polynom P(x) aus Beispiel 6.2.3 kann demnach in der Form

$$P(x) = (x + 2)^2(x + i)(x - i)$$

geschrieben werden.

6.3 Rationale Funktionen

Eine rationale Funktion ist eine Funktion der Form

$$Q(x) = \frac{Z(x)}{N(x)} = \frac{a_m x^m + a_{m-1}x^{m-1} + \ldots + a_1 x + a_0}{b_n x^n + b_{n-1}x^{n-1} + \qquad + b_1 x + b_0}.$$

a) Nullstellen und Pole

Für das Zählerpolynom $Z(x) = a_m x^m + a_{m-1}x^{m-1} + \ldots + a_1 x + a_0$ bestimmt man die Nullstellen $x_{Z1}, x_{Z2}, \ldots x_{Zm}$.

Für das Nennerpolynom $N(x) = b_n x^n + b_{n-1}x^{n-1} + \ldots + b_1 x + b_0$ bestimmt man die Nullstellen $x_{N1}, x_{N2}, \ldots x_{Nm}$.

Für die rationale Funktion Q(x) erhält man so (vergl. Bemerkung in 6.2) die Darstellung

$$Q(x) = \frac{a_m(x - x_{Z1})(x - x_{Z2}) \ldots \quad (x - x_{Zm})}{b_n(x - x_{N1})(x - x_{N2}) \ldots \quad (x - x_{Nn})}.$$

Die Faktoren, die sowohl im Zähler als auch im Nenner auftret[en] werden weggekürzt.

Die verbleibenden reellen Nullstellen des Zählers sind die (reellen) Nullstellen der rationalen Funktion Q(x); die verbleibenden reellen Nullstellen des Nenners sind die (reellen) Pole der rationalen Funktion Q(x).

Beispiel 6.3.1: $Q(x) = \frac{x^4 + 4x^3 + 5x^2 + 4x + 4}{x^3 + x^2 - 2x}$

Lösung:

Nullstellen des Zählerpolynoms $Z(x) = x^4 + 4x^3 + 5x^2 + 4x + 4$:
(vergl. Beispiel 6.2.3) $x_{Z1} = x_{Z2} = -2,\ x_{Z3} = +i,\ x_{Z4} = -i$;

Nullstellen des Nennerpolynoms $N(x) = x^3 + x^2 - 2x$:
Da das konstante Glied $b_0 = 0$ ist, ist $x_{N1} = 0$ Nullstelle von N(x).
Damit gilt $N(x) = (x - 0)\cdot(x^2 + x - 2)$.

Die Nullstellen von $x^2 + x - 2$ sind $x_{N2} = -2$ und $x_{N3} = 1$.

Die rationale Funktion Q(x) hat somit die Darstellung

$$Q(x) = \frac{(x + 2)(x + 2)(x - i)(x + 1)}{(x - 0)(x + 2)(x - 1)}$$

Kürzen des im Zähler und Nenner auftretenden Faktors (x + 2) liefert $Q(x) = \frac{(x + 2)(x - i)(x + i)}{x(x - 1)}$.

Die (reellen) Nullstellen von Q(x) sind also $x_{Z1} = -2$.

Die (reellen) Pole von Q(x) sind also $x_{N1} = 0$ und $x_{N3} = 1$.

b) <u>Partialbruchzerlegung</u>

0.Schritt: Falls der Grad m des Zählers Z(x) größer oder gleich dem Grad n des Nenners N(x) ist, d.h. $m \geq n$ gilt, führt man die Division Zähler durch Nenner aus. Man erhält so

$$Q(x) = P(x) + \frac{\tilde{Z}(x)}{N(x)};$$

dabei ist P(x) ein Polynom und $\tilde{Z}(x)$ ein Polynom, der Grad $\tilde{m}$ von $\tilde{Z}(x)$ ist kleiner als der Grad n von N(x).

1.Schritt: Bestimmung der Nullstellen des Nenners N(x): $x_1, x_2, \ldots x_n$.

2.Schritt: Ansatz für Partialbruchzerlegung von $\frac{\tilde{Z}(x)}{N(x)}$ nach Art der Nullstellen des Nenners

Nullstellen	Beitrag zum Ansatz
r reelle einfache voneinander verschiedene Nullstellen $x_1, x_2, \ldots x_r$	$\frac{A}{x-x_1} + \frac{B}{x-x_2} + \ldots + \frac{L}{x-x_r}$
eine k-fache reelle Nullstelle x_j	$\frac{A_1}{x-x_j} + \frac{A_2}{(x-x_j)^2} + \ldots + \frac{A_k}{(x-x_j)^k}$
ein Paar konjugiert komplexer einfacher Nullstellen x_j und $x_{j+1} = \overline{x}_j$	$\frac{Ux + V}{(x-x_j)(x-\overline{x}_j)}$
ein Paar k-facher konjugiert komplexer Nullstellen x_j und $x_{j+1} = \overline{x}_j$	$\frac{U_1 x + V_1}{(x-x_j)(x-\overline{x}_j)} + \ldots + \frac{U_k x + V_k}{((x-x_j)(x-\overline{x}_j))^k}$

3.Schritt: Bestimmung der unbekannten Koeffizienten A, B, ..., U, V, ..., durch Koeffizientenvergleich.

<u>Beispiel 6.3.2</u>: $Q(x) = \dfrac{x^4+4x^3+5x^2+4x+4}{x^3+x^2-2x}$

<u>Lösung:</u>

0.Schritt: $m = 4 \geq n = 3$ Division:

$$
\begin{array}{l}
(x^4+4x^3+5x^2+4x+4):(x^3+x^2-2x) = x+3+\dfrac{4x^2+10x+4}{x^3+x^2-2x} \\
\underline{x^4+x^3-2x^2} \\
0+3x^3+7x^2+4x+4 \\
\quad \underline{3x^3+3x^2-6x} \\
\quad 0+4x^2+10x+4
\end{array}
$$

$$Q(x) = P(x) + \frac{\tilde{Z}(x)}{N(x)} = x+3+\frac{4x^2+10x+4}{x^3+x^2-2x}$$

1.Schritt: Nullstellen des Nenners $N(x)$: $x_1 = 0$, $x_2 = -2$, $x_3 = 1$

2.Schritt: Ansatz für Partialbruchzerlegung von

$\dfrac{4x^2+10x+4}{x^3+x^2-2x} = \dfrac{4x^2+10x+4}{x(x+2)(x-1)}$ bei den drei reellen einfachen voneinander verschiedenen Nullstellen $x_1 = 0$, $x_2 = -2$, $x_3 = 1$:

$$\frac{4x^2+10x+4}{x(x+2)(x-1)} = \frac{A}{x} + \frac{B}{x+2} + \frac{C}{x-1}$$

3.Schritt: Durchmultiplizieren mit dem Nenner liefert

$$4x^2+10x+4 = A(x+2)(x-1) + B\cdot x(x-1) + C\cdot x(x+2) .$$

Ausmultiplizieren und Ordnen nach Potenzen:

$$4x^2+10x+4 = (A+B+C)x^2+(A-B+2C)x+(-2A)$$

Koeffizientenvergleich:

$$
\begin{array}{lrl}
x^2: & 4 = & A+B+C \\
x^1: & 10 = & A-B+2C \\
x^0: & 4 = & -2A
\end{array}
$$

Auflösen des Gleichungssystems liefert:

$A = -2$, $C = 6$, $B = 0$.

Also lautet die Partialbruchzerlegung von $Q(x)$:

$$Q(x) = \frac{x^4+4x^3+5x^2+4x+4}{x^3+x^2-2x} = x+3-\frac{2}{x}+\frac{6}{x-1} .$$

<u>Bemerkung:</u> Bei einfachen Nullstellen, wie hier im Beispiel, kann man die Koeffizienten A, B und C auch folgendermaßen bestimmen:

Man setzt in die im 3.Schritt aufgestellte Gleichung nacheinander für x die Werte der verschiedenen Null= stellen ein.

Im Beispiel:

$$4x^2+10x+4 = A(x+2)(x-1)+ B\cdot x(x-1)+ C\cdot x(x+2)$$

$$x=x_1= 0: \quad 0+ 0+4 = A(2)(-1)+0+0 \Rightarrow A = -2$$

$$x=x_2=-2: \quad 16-20+4 = 0+B(-2)(-3)+0 \Rightarrow B = 0$$

$$x=x_3= 1: \quad 4+10+4 = 0+0+C\cdot 1\cdot 3 \Rightarrow C = 6$$

Beispiel 6.3.3: $Q(x) = \dfrac{x^2- 2}{(x + 1)^3}$

Lösung:

0.Schritt: Entfällt, da $m=2 < n=3$

1.Schritt: Nullstellen des Nenners $N(x) = (x + 1)^3$:
$x_1= x_2= x_3= -1$, ist dreifache Nullstelle ($k=3$).

2.Schritt: Ansatz für die Partialbruchzerlegung von $\dfrac{x^2-2}{(x+1)^3}$ bei der reellen dreifachen Nullstelle
$x_1= x_2= x_3= -1$:

$$\frac{x^2-2}{(x+1)^3} = \frac{A_1}{(x+1)} + \frac{A_2}{(x+1)^2} + \frac{A_3}{(x+1)^3}$$

3.Schritt: Durchmultiplizieren mit dem Nenner liefert

$$x^2-2 = A_1(x+1)^2+ A_2(x+1) + A_3 .$$

Koeffizientenvergleich:

$$x^2: \quad 1 = A_1$$
$$x^1: \quad 0 = 2A_1+ A_2$$
$$x^0: \quad -2 = A_1+ A_2+ A_3$$

Auflösen des Gleichungssystems liefert:
$A_1= 1,\ A_2= -2,\ A_3= -1$.

Also lautet die Partialbruchzerlegung von $Q(x)$:

$$Q(x) = \frac{x^2-2}{(x+1)^3} = \frac{1}{x+1} - \frac{2}{(x+1)^2} - \frac{1}{(x+1)^3}$$

Beispiel 6.3.4: $Q(x) = \dfrac{x^5- x^4+ x - 1}{x^6+ 2x^4+ x^2}$

Lösung:

0.Schritt: Entfällt, da $m=5 < n=6$

1.Schritt: Nullstellen des Nenners

$$N(x) = x^6 + 2x^4 + x^2 = x^2(x^4 + 2x^2 + 1) = x^2(x^2 + 1)^2 :$$

$x_1 = x_2 = 0$ ist eine zweifache reelle Nullstelle.

$\left.\begin{matrix} x_3 = +i, & x_4 = -i \\ x_5 = +i, & x_6 = -i \end{matrix}\right\}$ Ein Paar konjugiert komplexer Null=stellen mit der Vielfachheit $k=2$.

2.Schritt: Ansatz für die Partialbruchzerlegung von

$$\frac{x^5 - x^4 + x - 1}{x^6 + 2x^4 + x^2} = \frac{x^5 - x^4 + x - 1}{x^2(x^2 + 1)^2}$$

bei der reellen zweifachen Nullstelle $x_1 = x_2 = 0$ und dem Paar konjugiert komplexer zweifacher Nullstellen $x_3 = x_5 = i$ und $x_4 = x_6 = -i$:

$$\frac{x^5 - x^4 + x - 1}{x^2(x^2 + 1)^2} = \frac{A_1}{x} + \frac{A_2}{x^2} + \frac{U_1 x + V_1}{x^2 + 1} + \frac{U_2 x + V_2}{(x^2 + 1)^2}$$

Es ist $(x^2 + 1) = (x - i)(x + i)$.

3.Schritt: Durchmultiplizieren mit dem Nenner liefert

$$x^5 - x^4 + x - 1 = A_1 x(x^2+1)^2 + A_2(x^2+1)^2 + (U_1 x + V_1)x^2(x^2+1) + \\ +(U_2 x + V_2)x^2$$

Ausmultiplizieren und Ordnen nach Potenzen :

$$x^5 - x^4 + x - 1 = (A_1 + U_1)x^5 + (A_2 + V_1)x^4 + (2A_1 + U_1 + U_2)x^3 + \\ +(2A_2 + V_1 + V_2)x^2 + A_1 x + A_2$$

Koeffizientenvergleich:

$$\begin{array}{lrl} x^5: & 1 = & A_1 + U_1 \\ x^4: & -1 = & A_2 + V_1 \\ x^3: & 0 = & 2A_1 + U_1 + U_2 \\ x^2: & 0 = & 2A_2 + V_1 + V_2 \\ x^1: & 1 = & A_1 \\ x^0: & -1 = & A_2 \end{array}$$

Auflösen des Gleichungssystems

$A_1 = 1$, $A_2 = -1$, $U_1 = 0$, $V_1 = 0$, $U_2 = -2$, $V_2 = 2$.

Also lautet die Partialbruchzerlegung von $Q(x)$:

$$Q(x) = \frac{x^5 - x^4 + x - 1}{x^2(x^2 + 1)^2} = \frac{1}{x} - \frac{1}{x^2} - \frac{2x - 2}{(x^2 + 1)^2} .$$

Bemerkung: Das asymptotische Verhalten einer rationalen Funktion $Q(x)$ läßt sich an ihrer Partialbruchzerlegung ablesen.

Beispiel 6.3.5: In den Beispielen 6.3.1 und 6.3.2 ergab sich für $Q(x)$ die Partialbruchzerlegung

$$Q(x) = \frac{x^4 + 4x^3 + 5x^2 + 4x + 4}{x^3 + x^2 - 2x} = x + 3 - \frac{2}{x} + \frac{6}{x-1} .$$

Das asymptotische Verhalten von $Q(x)$ für $x \to \pm\infty$ wird durch den Polynomanteil $x + 3$ bestimmt ($y = x + 3$ ist Asymptote von $Q(x)$ für $x \to \pm\infty$). Das Verhalten von $Q(x)$ an den Polen liest man an den Partialbrüchen ab:

$$\lim_{\substack{x\to 0\\ x<0}} Q(x) = +\infty , \qquad \lim_{\substack{x\to 0\\ x>0}} Q(x) = -\infty ,$$

$$\lim_{\substack{x\to 1\\ x<1}} Q(x) = -\infty , \qquad \lim_{\substack{x\to 1\\ x>1}} Q(x) = +\infty ,$$

Aufgaben: 6.1 - 6.9, auch 1.6, 7.7, 10.3

7. Integration

7.1 Die wichtigsten Integrale

Die folgenden unbestimmten Integrale sollte man auswendig wisse

$\int a\,dx = ax + C$ $\qquad$ $\int x^n dx = \frac{1}{n+1} x^{n+1} + C, \quad n \neq -1$

$\int \frac{1}{x} dx = \ln|x| + C$ $\qquad$ $\int e^x dx = e^x + C$

$\int \sin x\,dx = -\cos x + C$ $\qquad$ $\int \cos x\,dx = \sin x + C$

Die unbestimmten Integrale anderer elementarer Funktionen entni man einer Formelsammlung (etwa Bronstein Seite 297 ff.).

Zur Berechnung eines bestimmten Integrals $\int_a^b f(x)\,dx$ sucht man zunächst ein zugehöriges unbestimmtes Integral $\int f(x)\,dx = F(x)$ (Stammfunktion). Dann gilt $\int_a^b f(x)\,dx = \left[F(x)\right]_a^b = F(b) - F(a)$

Beispiel 7.1.1: $\int_{-1}^{2} x^3\,dx$

Lösung: $\int x^3\,dx = \frac{1}{4}x^4 + C$ (Stammfunktion)

$$\int_{-1}^{2} x^3\,dx = \left[\frac{1}{4}x^4\right]_{-1}^{2} = \frac{1}{4}\cdot 2^4 - \frac{1}{4}\cdot(-1)^4 = \frac{15}{4}$$

7.2 Integrationsregeln

Mit folgenden Regeln können bisweilen gesuchte Integrale auf bekannte Integrale überführt werden:

1) $\int a\cdot f(x)\,dx = a\int f(x)\,dx$, $\int (f+g)\,dx = \int f\,dx + \int g\,dx$

2. Partielle Integration $\int f\cdot g'\,dx = f\cdot g - \int f'\cdot g\,dx$

3. Substitutionsregel $\int g'(x)\,f(g(x))\,dx = \int f(u)\,du$, $u=g(x)$

Bemerkung: Wird ein bestimmtes Integral mit der Substitutions= regel berechnet, kann man entweder

a) die Grenzen gleich mittransformieren.
(Vorteil: Keine Rücksubstitution)
oder

b) zunächst das unbestimmte Integral lösen, rücksub= stituieren und dann die alten Grenzen einsetzen.
(Vorteil: Grenzen brauchen nicht umgerechnet werd

4. Spezielle Regeln $\int f'(x)\cdot f(x)\,dx = \frac{1}{2}f(x)^2 + C$

$$\int \frac{f'(x)}{f(x)}\,dx = \ln|f(x)| + C$$

Bemerkung: Bei der Integration eines Produktes oder eines Quotienten empfiehlt es sich nachzuprüfen, ob einer der beiden Spezialfälle vorliegt.

Beispiel 7.2.1: $\int x\cdot e^x dx$

Lösung: Durch partielle Integration mit $f(x) = x$ und $g'(x) = e^x$, also $f'(x) = 1$ und $g(x) = e^x$ erhält man

$$\int x\cdot e^x dx = x\cdot e^x - \int 1\cdot e^x dx = x\cdot e^x - e^x + C\,.$$

Beispiel 7.2.2: $\int_0^{\frac{\pi}{2}} \sin x \cos x\, dx$

Lösung: Durch partielle Integration mit $f(x) = \sin x$ und $g'(x) = \cos x$, also $f'(x) = \cos x$ und $g(x) = \sin x$

erhält man $I = \int_0^{\frac{\pi}{2}} \sin x \cos x\, dx$

$$= \underbrace{\Big[\sin x \sin x\Big]_0^{\frac{\pi}{2}}}_{1} - \underbrace{\int_0^{\frac{\pi}{2}} \sin x \cos x\, dx}_{I}$$

Für das zu berechnende Integral I hat man also die Gleichung $I = 1 - I$ und es folgt $2I = 1$, also $I = \frac{1}{2}$.

$$I = \int_0^{\frac{\pi}{2}} \sin x \cos x\, dx = \frac{1}{2}\,.$$

Beispiel 7.2.3: $\int \ln x\, dx$

Lösung: Substitution $u = \ln x$ oder $x = e^u$

$du = \frac{1}{x}\,dx$ oder $dx = e^u du$

$\int \ln x\, dx = \int u\cdot e^u du = u\cdot e^u - e^u + C$ (vergl. Beispiel 7.1.2)

Rücksubstitution $u = \ln x$

$$\int \ln x\, dx = (\ln x)\cdot x - x + C = x(\ln x - 1) + C$$

<u>Beispiel 7.2.4:</u> $\int_0^4 \frac{x}{\sqrt{1 + \frac{1}{2}x^2}}\,dx$

<u>Lösung:</u> Substitution $u = 1 + \frac{1}{2}x^2$, $du = x\,dx$

Methode a: Untere Grenze $x = 0$ wird zu $u = 1 + \frac{1}{2}\cdot 0^2 = 1$
Obere Grenze $x = 4$ wird zu $u = 1 + \frac{1}{2}\cdot 4^2 = 9$

$$\int_{x=0}^{x=4} \frac{x}{\sqrt{1 + \frac{1}{2}x^2}}\,dx = \int_{u=1}^{u=9} \frac{du}{\sqrt{u}} = \left[2\sqrt{u}\right]_{u=1}^{u=9} = 2\cdot 3 - 2 = 4$$

Methode b: $\int \frac{x}{\sqrt{1 + \frac{1}{2}x^2}}\,dx = \int \frac{du}{\sqrt{u}} = 2\cdot\sqrt{u} + C = 2\cdot\sqrt{1 + \frac{1}{2}x^2} +$

$$\int_{x=0}^{x=4} \frac{x}{\sqrt{1 + \frac{1}{2}x^2}}\,dx = \left[2\cdot\sqrt{1 + \frac{1}{2}x^2}\right]_{x=0}^{x=4} = 2\cdot\sqrt{9} - 2\cdot 1 = 4$$

<u>Beispiel 7.2.5:</u> $\int \frac{\ln x}{x}\,dx = \int \underbrace{\frac{1}{x}}_{f'}\cdot\underbrace{\ln x}_{f}\,dx = \frac{1}{2}(\ln x)^2 + C$

<u>Beispiel 7.2.6:</u> $\int \frac{x - 3}{x^2 - 6x + 5}\,dx = \int \frac{\frac{1}{2}\cdot(2x - 6)}{x^2 - 6x + 5}\,dx =$

$$= \frac{1}{2}\int \frac{(x^2 - 6x + 5)'}{x^2 - 6x + 5}\,dx = \frac{1}{2}\ln|x^2 - 6x + 5| + C$$

7.3 Partialbruchzerlegung

Rationale Funktionen werden mit Hilfe der Partialbruchzerlegung integriert.

<u>Beispiel 7.3.1:</u> $\int \frac{x^4 + 6x^3 + 13x^2 + 11x + 1}{x^3 + 4x^2 + 6x + 3}\,dx$

<u>Lösung:</u> Partialbruchzerlegung

0.Schritt: $(x^4+6x^3+13x^2+11x+1):(x^3+4x^2+6x+3) = x+2 - \frac{x^2+4x+5}{x^3+4x^2+6x+3}$

$$\begin{array}{l} \underline{x^4+4x^3+\ 6x^2+\ 3x} \\ \quad 2x^3+\ 7x^2+\ 8x+1 \\ \quad \underline{2x^3+\ 8x^2+12x+6} \\ \qquad -\ x^2-\ 4x-5 \end{array}$$

$$Q(x) = P(x) + \frac{\tilde{Z}(x)}{N(x)} = x + 2 - \frac{x^2 + 4x + 5}{x^3 + 4x^2 + 6x + 3}$$

1.Schritt: Nullstellen des Nenners $N(x) = x^3 + 4x^2 + 6x + 3$

$a_0 = +3$; probieren mit ganzzahligen Teilern von 3:

Teiler: ± 1 , ± 3

Hornerschema:

	1	4	6	3
x=-1	0	-1	-3	-3
	1	3	3	0 = N(-1)

$N(x) = (x + 1)(x^2 + 3x + 3)$

Die Nullstellen des quadratischen Polynoms $x^2 + 3x + 3$

$x_{2,3} = -\frac{3}{2} \pm \sqrt{\frac{9}{4} - \frac{12}{4}} = -\frac{3}{2} \pm i\frac{\sqrt{3}}{2}$ sind konjugiert komplex.

2.Schritt: Ansatz für die Partialbruchzerlegung von

$$\frac{x^2+4x+5}{x^3+4x^2+6x+3} = \frac{x^2+4x+5}{(x+1)(x^2+3x+3)} :$$

$$\frac{x^2+4x+5}{(x+1)(x^2+3x+3)} = \frac{A}{x+1} + \frac{Ux+V}{x^2+3x+3}$$

3.Schritt: Durchmultiplizieren mit dem Nenner liefert

$$x^2+4x+5 = A(x^2+3x+3) + (Ux+V)(x+1) .$$

Ausmultiplizieren und Ordnen nach Potenzen :

$$x^2+4x+5 = (A+U)x^2 + (3A+V+U)x + (3A+V)$$

Koeffizientenvergleich:

$$\left.\begin{array}{ll} x^2: & 1 = A + U \\ x^1: & 4 = 3A + U + V \\ x^0: & 5 = 3A \quad + V \end{array}\right\} U = -1,\ A = 2,\ V = -1$$

Damit wird:

$$\int \frac{x^4+6x^3+13x^2+11x+1}{x^3+4x^2+6x+3}\,dx = \int (x+2)\,dx - \int \frac{2}{x+1}\,dx + \int \frac{x}{x^2+3x+3}\,dx + \int \frac{1}{x^2+3x+3}\,dx =$$

$$= \frac{1}{2}\cdot x^2+2x-2\ln|x+1| + \frac{1}{2}\cdot \ln(x^2+3x+3) - \frac{3}{2}\int \frac{1}{x^2+3x+3}\,dx + \int \frac{1}{x^2+3x+3}\,dx =$$

$$= \frac{1}{2}\cdot x^2+2x-2\ln|x+1| + \frac{1}{2}\cdot \ln(x^2+3x+3) - \frac{1}{\sqrt{3}}\,\text{arctg}\,\frac{2x+3}{\sqrt{3}} + C$$

(Die beiden letzten Integrale siehe Bronstein Seite 299, Nr. 43 und Nr. 40 .)

7.4 Uneigentliche Integrale

Beim bestimmten Integral (im eigentlichen Sinne) sind die Integrationsgrenzen endliche Zahlen und außerdem ist der Integrand innerhalb der Grenzen und an diesen eine endliche Funktion.
Nimmt eine der beiden Integrationsgrenzen (oder beide) den Wert $\pm\infty$ an oder nimmt der Integrand an einer (oder mehreren) Stellen des Integrationsbereichs den Wert $\pm\infty$ an, so kann unter Umständen das Integral dennoch einen endlichen Wert besitzen. Man spricht dann von einem uneigentlichen Integral. Wir betrachten die beiden folgenden Hauptfälle. (Die anderen Fälle löst man entsprechend.)

1. Es ist $\int_a^\infty f(x)dx = \lim_{b\to\infty} \int_a^b f(x)dx$, falls das eigentliche Integral $\int_a^b f(x)dx$ für $b\to\infty$ gegen einen endlichen Wert strebt.

2. Ist $f(x_0) = \pm\infty$, dann ist $\int_{x_0}^b f(x)dx = \lim_{\substack{a\to x_0\\ a>x_0}} \int_a^b f(x)dx$, falls das eigentliche Integral $\int_a^b f(x)dx$ für $a\to x_0$, $a>x_0$, gegen einen endlichen Wert strebt.

Beispiel 7.4.1: $\int_0^\infty \frac{1}{x^2+4}\,dx$

Lösung: $$\int_0^\infty \frac{1}{x^2+4}\,dx = \lim_{b\to\infty}\int_0^b \frac{1}{x^2+4}\,dx = \lim_{b\to\infty}\frac{1}{2}\left[\text{arctg}\,\frac{x}{2}\right]_0^b =$$
$$= \lim_{b\to\infty}\left(\frac{1}{2}\,\text{arctg}\,\frac{b}{2} - 0\right) = \frac{\pi}{4}$$

Beispiel 7.4.2: $\int_{-1}^7 \frac{dx}{\sqrt[3]{x+1}}$

Lösung: Der Integrand ist an der unteren Grenze $x_0 = -1$ unendlic[h]

$$\int_{-1}^7 \frac{dx}{\sqrt[3]{x+1}} = \lim_{\substack{a\to -1\\ a>-1}} \int_a^7 \frac{dx}{\sqrt[3]{x+1}} = \lim_{\substack{a\to -1\\ a>-1}} \left[\frac{3}{2}\,(x+1)^{\frac{2}{3}}\right]_a^7 =$$
$$= \frac{3}{2}\lim_{\substack{a\to -1\\ a>-1}}\left(\sqrt[3]{8^2} - \sqrt[3]{(a+1)^2}\right) = 6$$

Beispiel 7.4.3: $\int_0^{\infty} \frac{e^{-\sqrt{x}}}{\sqrt{x}} dx$

Lösung: Der Integrand ist an derunteren Grenze $x_0 = 0$ unendlich. Außerdem ist die obere Grenze $+\infty$.

$$\int_0^{\infty} \frac{e^{-\sqrt{x}}}{\sqrt{x}} dx = \lim_{a \to \infty} \lim_{\substack{b \to 0 \\ b < 0}} \int_b^a \frac{e^{-\sqrt{x}}}{\sqrt{x}} dx = \lim_{a \to \infty} \lim_{\substack{b \to 0 \\ b < 0}} \int_{\sqrt{b}}^{\sqrt{a}} 2e^{-u} du =$$

$$= \lim_{a \to \infty} \lim_{\substack{b \to 0 \\ b < 0}} 2(e^{-\sqrt{b}} - e^{-\sqrt{a}}) =$$

$$= \lim_{a \to \infty} 2(1 - e^{-\sqrt{a}}) = 2$$

(Substitution: $u = \sqrt{x}$
$du = \frac{1}{2} \frac{dx}{\sqrt{x}}$
für $x = a$ ist $u = \sqrt{a}$
für $x = b$ ist $u = \sqrt{b}$)

Beispiel 7.4.4: $\int_0^4 \frac{dx}{(x-1)^2}$

Lösung: Der Integrand ist an der inneren Stelle $x_0 = 1$ unendlich.

$$\int_0^4 \frac{dx}{(x-1)^2} = \int_0^1 \frac{dx}{(x-1)^2} + \int_1^4 \frac{dx}{(x-1)^2} =$$

$$= \lim_{\substack{b \to 1 \\ b < 1}} \int_0^b \frac{dx}{(x-1)^2} + \lim_{\substack{a \to 1 \\ a > 1}} \int_a^4 \frac{dx}{(x-1)^2} =$$

$$= \lim_{\substack{b \to 1 \\ b < 1}} \left[-\frac{1}{x-1}\right]_0^b + \lim_{\substack{a \to 1 \\ a > 1}} \left[-\frac{1}{x-1}\right]_a^4 =$$

$$= \lim_{\substack{b \to 1 \\ b < 1}} \left(-\frac{1}{b-1} - 1\right) + \lim_{\substack{a \to 1 \\ a > 1}} \left(-\frac{1}{3} + \frac{1}{a-1}\right)$$

Diese Grenzwerte existieren nicht. Also existiert auch das uneigentliche Integral nicht.

Achtung: Bemerkt man die Unendlichkeitsstelle $x_0 = 1$ nicht und integriert sorglos darüber hinweg, so erhält man $\int_0^4 \frac{dx}{(x-1)^2} = \left[-\frac{1}{x-1}\right]_0^4 = -\frac{4}{3}$, ein unsinniges Ergebnis, schon deshalb, weil der Integrand positiv, dieses Ergebnis aber negativ ist.

Aufgaben: 7.1 - 7.18, auch 4.1, 4.11, 4.12, 6.9

8. Funktionen mehrerer Variabler

Schreibweisen:

Funktionen von zwei Veränderlichen: $f(x,y)$ oder $f(x_1,x_2)$ oder $u(x,y)$ oder ...

Funktionen von drei Veränderlichen: $f(x,y,z)$ oder $f(x_1,x_2,x_3)$ oder $u(x,y,z)$ oder ...

Funktionen von n Veränderlichen: $f(x_1,x_2,x_3, \ldots, x_n)$

8.1 Partielles Differenzieren

1. Partielle Ableitungen einer Funktion $f(x,y)$ zweier Veränder= licher x und y:

$\frac{\partial f}{\partial x}$ oder f_x ist die partielle Ableitung von f nach x,

$\frac{\partial f}{\partial y}$ oder f_y ist die partielle Ableitung von f nach y.

Berechnung von $\frac{\partial f}{\partial x}$: Man betrachtet in $f(x,y)$ die Variable y al Konstante und differenziert nach den gewöh lichen Differentiationsregeln aus 6.3 nach

Berechnung von $\frac{\partial f}{\partial y}$: Man betrachtet in $f(x,y)$ die Variable x al Konstante und differenziert nach den gewöh lichen Differentiationsregeln aus 6.3 nach

Beispiel 8.1.1: $f(x,y) = x + e^{\frac{y}{x}}$

Lösung:

$$f_x = \frac{\partial f}{\partial x} = 1 + e^{\frac{y}{x}}\left(-\frac{y}{x^2}\right) = 1 - \frac{y}{x^2}e^{\frac{y}{x}}$$

$$f_y = \frac{\partial f}{\partial y} = 0 + e^{\frac{y}{x}}\left(\frac{1}{x}\right) = \frac{1}{x}e^{\frac{y}{x}}$$

2. Höhere partielle Ableitungen von $f(x,y)$:

$$\frac{\partial^2 f}{\partial x^2} = f_{xx}, \quad \frac{\partial^2 f}{\partial y^2} = f_{yy}, \quad \frac{\partial^2 f}{\partial x\,\partial y} = f_{xy}$$

Berechnung von $\frac{\partial^2 f}{\partial x^2}$: $\frac{\partial^2 f}{\partial x^2} = \frac{\partial\left(\frac{\partial f}{\partial x}\right)}{\partial x}$, d.h. man berechnet $\frac{\partial f}{\partial x}$ wie oben; in dem so erhaltenen Ausdruck betrachtet man wiederum y als Konstante und differenziert nach x.

Berechnung von $\frac{\partial^2 f}{\partial x \partial y}$: $\frac{\partial^2 f}{\partial x \partial y} = \frac{\partial(\frac{\partial f}{\partial x})}{\partial y}$, d.h. man berechnet $\frac{\partial f}{\partial x}$ wie oben; in dem so erhaltenen Aus= druck betrachtet man nun x als Konstante und differenziert nach y.

Beispiel 8.1.2: $f(x,y) = x + e^{\frac{y}{x}}$

Lösung: $$f_{xx} = \frac{\partial^2 f}{\partial x^2} = \frac{\partial(\frac{\partial f}{\partial x})}{\partial x} = \frac{\partial}{\partial x}(1 - \frac{y}{x^2} e^{\frac{y}{x}}) = 0 - \frac{-2y}{x^3} e^{\frac{y}{x}} - \frac{y}{x^2} e^{\frac{y}{x}}(-\frac{y}{x^2}) =$$
$$= \frac{y}{x^2} e^{\frac{y}{x}}(\frac{2}{x} + \frac{y}{x^2})$$

$$f_{yy} = \frac{\partial^2 f}{\partial y^2} = \frac{\partial(\frac{\partial f}{\partial y})}{\partial y} = \frac{\partial}{\partial y}(\frac{1}{x} e^{\frac{y}{x}}) = \frac{1}{x^2} e^{\frac{y}{x}}$$

$$f_{xy} = \frac{\partial^2 f}{\partial x \partial y} = \frac{\partial(\frac{\partial f}{\partial x})}{\partial y} = \frac{\partial}{\partial y}(1 - \frac{y}{x^2} e^{\frac{y}{x}}) = 0 - \frac{1}{x^2} e^{\frac{y}{x}} - \frac{y}{x^2} e^{\frac{y}{x}}(\frac{1}{x}) =$$
$$= -\frac{1}{x^2} e^{\frac{y}{x}}(1 + \frac{y}{x})$$

$$f_{yx} = \frac{\partial^2 f}{\partial y \partial x} = \frac{\partial(\frac{\partial f}{\partial y})}{\partial x} = \frac{\partial}{\partial x}(\frac{1}{x} e^{\frac{y}{x}}) = -\frac{1}{x^2} e^{\frac{y}{x}} + \frac{1}{x}(-\frac{y}{x^2}) e^{\frac{y}{x}} =$$
$$= -\frac{1}{x^2} e^{\frac{y}{x}}(1 + \frac{y}{x}) = f_{xy}$$

$$f_{yyx} = \frac{\partial^3 f}{\partial y^2 \partial x} = \frac{\partial(\frac{\partial f}{\partial y^2})}{\partial x} = \frac{\partial}{\partial x}(\frac{1}{x^2} e^{\frac{y}{x}}) = -\frac{2}{x^3} e^{\frac{y}{x}} + \frac{1}{x^2} e^{\frac{y}{x}}(-\frac{y}{x^2}) =$$
$$= -\frac{1}{x^3} e^{\frac{y}{x}}(2 + \frac{y}{x})$$

Bemerkung: Meist gilt $f_{xy} = f_{yx}$ (u.a. dann, wenn beim Differen= zieren alles stetig bleibt).

3. Funktion von mehr als zwei Variablen

Hier verfährt man analog.

Beispiel 8.1.3: $f(x,y,z) = x^2y^2 + y \cdot \sin z$

Lösung: $f_x = 2xy^2 + 0$, $f_y = 2x^2y + \sin z$, $f_z = 0 + y \cdot \cos z$

$f_{xy} = 4xy$, $f_{xz} = 0$, $f_{yz} = 0 + \cos z$, usw. ....

8.2 Lokale Maxima und Minima

Für eine Funktion $f(x,y)$ von zwei Variablen x und y sucht man lokale Extremwerte, wie folgt:

1.Schritt: Man berechnet die partiellen Ableitungen f_x und f_y und bestimmt diejenigen (x,y), für die $f_x = 0$ und $f_y = 0$ gilt.
Dies sind die möglichen Extremstellen $P_1 = (x_1,y_1)$, $P_2 = (x_2,y_2)$, ...

2.Schritt: Man berechnet f_{xx}, f_{yy}, f_{xy} und $\triangle = f_{xx} \cdot f_{yy} - f_{xy}^2$ und setzt die in 1. gefundenen möglichen Extremstellen $P_i = (x_i,y_i)$ ein.

a) Gilt $\triangle|_{P_i} > 0$ und $f_{xx}|_{P_i} < 0$, so ist P_i ein lokales Maximum
Gilt $\triangle|_{P_i} > 0$ und $f_{xx}|_{P_i} > 0$, so ist P_i ein lokales Minimum

b) Gilt $\triangle|_{P_i} < 0$, so ist P_i kein lokales Extremum.

c) Gilt $\triangle|_{P_i} = 0$, so hat man zunächst keine Aussage.

Beispiel 8.2.1: Man bestimme die lokalen Extrema von

$$f(x,y) = x^3 + 3x^2 + 2y^3 - 6y - 12 .$$

1.Schritt: $f_x = 3x^2 + 6x, \quad f_y = 6y^2 - 6$

$$\left.\begin{aligned} f_x &= 3x^2 + 6x = 0 \\ f_y &= 6y^2 - 6 = 0 \end{aligned}\right\} \quad x=0 \text{ oder } x=-2,\ y=1 \text{ oder } y=-1$$

Also sind die Punkte $P_1=(0,1)$; $P_2=(0,-1)$; $P_3=(-2,1)$ und $P_4=(-2,-1)$ mögliche Extremstellen.

2.Schritt: $f_{xx} = 6x + 6, \quad f_{yy} = 12y, \quad f_{xy} = 0, \quad \triangle = 72(x+1)y$

P_1: $\triangle|_{P_1} = +72 > 0 \quad f_{xx}|_{P_1} = 6 > 0$, lokales Minimum in P_1

P_2: $\triangle|_{P_2} = -72 < 0$ kein Extremum in P_2

P_3: $\triangle|_{P_3} = -72 < 0$ kein Extremum in P_3

P_4: $\triangle|_{P_4} = +72 > 0 \quad f_{xx}|_{P_4} = -6 < 0$ lokales Maximum in P_4

8.3 Extrema unter Nebenbedingungen

Gesucht sind Extremwerte einer Funktion $f(x_1, x_2, \ldots, x_n)$ von n-Veränderlichen, die durch m Nebenbedingungen

$$g_1(x_1, x_2, \ldots, x_n) = 0$$
$$g_2(x_1, x_2, \ldots, x_n) = 0$$
$$\cdot$$
$$\cdot$$
$$g_m(x_1, x_2, \ldots, x_n) = 0$$

untereinander verknüpft sind.

Nach der Methode der Lagrange'schen Multiplikatoren bildet man

$$F(x_1,x_2, \ldots,x_n,\lambda_1,\lambda_2, \ldots,\lambda_m) =$$
$$= f(x_1,x_2, \ldots,x_n) + \lambda_1 g_1(x_1,x_2, \ldots,x_n) + \ldots + \lambda_m g_m(x_1,x_2, \ldots,x_n)$$

und stellt das Gleichungssystem

$$F_{x_1} = 0, \quad F_{x_2} = 0, \quad \ldots, \quad F_{x_n}$$
$$F_{\lambda_1} = g_1 = 0, \quad F_{\lambda_2} = g_2 = 0, \quad \ldots, \quad F_{\lambda_m} = g_m = 0$$

auf. Lösen dieses Gleichungssystems von n+m Gleichungen für die n+m Unbekannten $x_1,x_2, \ldots,x_n,\lambda_1,\lambda_2, \ldots,\lambda_m$ führt auf mögliche Extremstellen $P = (x_1,x_2, \ldots,x_n)$ von f unter den Nebenbedingungen $g_1 = g_2 = \ldots = g_m = 0$

Beispiel 8.3.1: Man bestimme die Koordinaten des Punktes der x-y-Ebene, der auf der Parabel $2y - x^2 = 0$ liegt und vom Punkt (4,1) minimalen Abstand hat.

Lösung: Der Abstand d(x,y) eines Punktes (x,y) vom Punkt (4,1) ist $d(x,y) = \sqrt{(x-4)^2 + (y-1)^2}$.

Problem: Gesucht ist das Minimum von $d(x,y) = \sqrt{(x-4)^2 + (y-1)^2}$ unter der Nebenbedingung $g(x,y) = 2y - x^2 = 0$.

Anstatt das Minimum von d(x,y) zu suchen, kann man auch das Minimum von $f(x,y) = d(x,y)^2 = (x-4)^2 + (y-1)^2$ unter der Nebenbedingung $g(x,y) = 2y - x^2 = 0$ suchen (Standardtrick bei Abständen).

$$F(x,y,\lambda) = (x-4)^2 + (y-1)^2 + \lambda(2y - x^2), \qquad n=2, \ m=1$$

$$\left.\begin{aligned} F_x &= 2(x-4) - \lambda 2x = 0 \\ F_y &= 2(y-1) + 2\lambda = 0 \\ F_\lambda &= g(x,y) = 2y - x^2 = 0 \end{aligned}\right\} \qquad x=2, \ y=2, \ (\lambda=-1)$$

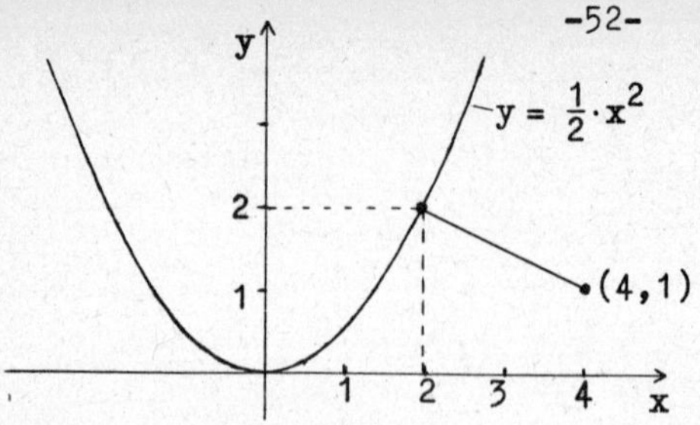

Es ist der Punkt $(x,y) = (2,2)$, der auf der Parabel $2y-x^2=0$ liegend den kleinsten Abstand von $(4,1)$ hat.

8.4 Fehlerrechnung

Der <u>Gradient</u> einer Funktion $f(x_1,x_2, \ldots,x_n)$ ist der Vektor, dessen Komponenten die ersten partiellen Ableitungen von f sind:

$$\operatorname{grad} f = \left(\frac{\partial f}{\partial x_1}, \frac{\partial f}{\partial x_2}, \ldots, \frac{\partial f}{\partial x_n}\right).$$

Das <u>totale Differential</u> von $f(x_1,x_2, \ldots,x_n)$ ist

$$df = \frac{\partial f}{\partial x_1}\cdot dx_1 + \frac{\partial f}{\partial x_2}\cdot dx_2 + \ldots + \frac{\partial f}{\partial x_n}\cdot dx_n$$

in abgekürzter Schreibweise

$$df = \operatorname{grad} f\cdot d\vec{x} \text{ mit } d\vec{x} = (dx_1, dx_2, \ldots, dx_n)$$

Vom totalen Differential wird auch in der Fehlerrechnung Gebrauch gemacht:

Sind $x_1,x_2, \ldots,x_n$ unabhängige Meßwerte, die mit den Fehlern $\Delta x_1, \Delta x_2, \ldots, \Delta x_n$ behaftet sind, dann ist die von den Meßwerten abhängige Größe $f(x_1,x_2 \ldots,x_n)$ in erster Näherung mit dem Fehler

$$\Delta f = \frac{\partial f}{\partial x_1}\Delta x_1 + \frac{\partial f}{\partial x_2}\Delta x_2 + \ldots + \frac{\partial f}{\partial x_n}\Delta x_n$$

behaftet. (Im totalen Differential wird jeweils d durch Δ ersetzt.)

Für den <u>absoluten Fehler</u> $|\Delta f|$ in erster Näherung erhält man die Abschätzung

$$|\Delta f| \leq \left|\frac{\partial f}{\partial x_1}\right||\Delta x_1| + \left|\frac{\partial f}{\partial x_2}\right||\Delta x_2| + \ldots + \left|\frac{\partial f}{\partial x_n}\right||\Delta x_n| .$$

Interessiert man sich für den <u>relativen Fehler</u> $\left|\frac{\Delta f}{f}\right|$ in Abhängigkeit von den relativen Fehlern $\left|\frac{\Delta x_1}{x_1}\right|, \left|\frac{\Delta x_2}{x_2}\right|, \ldots, \left|\frac{\Delta x_n}{x_n}\right|$, so ist die Formel entsprechend umzurechnen.

Beispiel 8.4.1: In einem Refraktometer kann man den Brechungsindex n einer Flüssigkeit ermitteln über

$$n = \sqrt{N^2 - \sin^2\alpha}$$

mit N als Brechungsindex eines Vergleichskörpers und α als Austrittswinkel eines Lichtstrahls ($0 \le \alpha \le \frac{\pi}{2}$). Man berechne (in erster Näherung) den relativen Fehler $\left|\frac{\Delta n}{n}\right|$ von n, wenn gilt

$$N = 1{,}5 \pm 0{,}5\ \% \text{ sowie } \alpha = 30^\circ \pm 1^\circ$$

Lösung: $n = \sqrt{N^2 - \sin^2\alpha} \quad (x_1 = N,\ x_2 = \alpha,\ f(x_1,x_2) = n(N,\alpha))$

$$\Delta n = \frac{\partial n}{\partial N}\Delta N + \frac{\partial n}{\partial \alpha}\Delta\alpha; \quad \frac{\Delta n}{n} = \frac{1}{n}\frac{\partial n}{\partial N}\Delta N + \frac{1}{n}\frac{\partial n}{\partial \alpha}\Delta\alpha$$

$$\frac{\partial n}{\partial N} = \frac{N}{\sqrt{N^2 - \sin^2\alpha}} = \frac{N}{n}; \quad \frac{1}{n}\frac{\partial n}{\partial N} = \frac{N}{n^2}$$

$$\frac{\partial n}{\partial \alpha} = \frac{-\sin\alpha\cos\alpha}{\sqrt{N^2 - \sin^2\alpha}}; \quad \frac{1}{n}\frac{\partial n}{\partial \alpha} = \frac{-\sin\alpha\cos\alpha}{n^2}$$

$$N = 1{,}5, \quad \left|\frac{\Delta N}{N}\right| = 0{,}5\ \%$$

$$\alpha = 30^\circ, \quad \Delta\alpha = 1^\circ = \frac{2\pi}{360}$$ (Winkel sind in Bogenmaß umzurechnen!)

$$n = \sqrt{1{,}5^2 - 0{,}5^2} = \sqrt{2}$$

$$\left|\frac{\Delta n}{n}\right| \le \frac{N^2}{n^2}\left|\frac{\Delta N}{N}\right| + \frac{|\sin\alpha\cdot\cos\alpha|}{n^2}|\Delta\alpha|$$

$$\left|\frac{\Delta n}{n}\right| \le \frac{1{,}5^2}{2}\cdot 0{,}005 + \frac{\sqrt{3}}{4\cdot 2}\cdot\frac{2\pi}{360} \doteq 0{,}0056 + 0{,}0038 = 0{,}0094$$

8.5 Taylorformel

Taylorformel für f(x,y) an der Entwicklungsstelle (x_0,y_0) bis zu Gliedern 2. Ordnung:

$$f(x,y) = f(x_0,y_0) + f_x(x_0,y_0)\cdot(x-x_0) + f_y(x_0,y_0)\cdot(y-y_0) +$$
$$+ \frac{1}{2}(f_{xx}(x_0,y_0)\cdot(x-x_0)^2 + 2f_{xy}(x_0,y_0)\cdot(x-x_0)(y-y_0) +$$
$$+ f_{yy}(x_0,y_0)\cdot(y-y_0)^2) + R_3 .$$

Beispiel 8.5.1: Man berechne näherungsweise $1{,}2^{0{,}9}$, indem man die Funktion $f(x,y) = x^y$ im Punkte $(x_0,y_0) = (1,1)$ in ihre Taylorreihe bis zu quadratischen Gliedern entwickelt.

Lösung: $f(x,y) = x^y = e^{y\cdot\ln x}$ $\qquad f(1,1) = 1$

$$f_x = \frac{y}{x}\,e^{y\cdot\ln x} = y\cdot x^{y-1} \qquad f_x(1,1) = 1$$

$$f_y = \ln x\cdot e^{y\cdot\ln x} = x^y\cdot\ln x \qquad f_y(1,1) = 0$$

$$f_{xx} = y(y-1)x^{y-2} \qquad f_{xx}(1,1) = 0$$

$$f_{yy} = x^y(\ln x)^2 \qquad f_{yy}(1,1) = 0$$

$$f_{xy} = (1+y\cdot\ln x)x^{y-1} \qquad f_{xy}(1,1) = 1$$

Damit wird

$$f(x,y) = 1 + 1\cdot(x-1) + 1\cdot(x-1)(y-1) + R_3 .$$

Für $x = 1,2$ und $y = 0,9$ erhält man

$$f(1,2;\,0,9) = 1,2^{0,9} = 1+(1,2-1)+(1,2-1)(0,9-1)+R_3$$

$$1,2^{0,9} \approx 1,18$$

8.6 Integrale mit Parametern

Die Ableitung der Funktion $f(x) = \int\limits_{a(x)}^{b(x)} g(x,y)dy$ lautet

$$f'(x) = \int\limits_{a(x)}^{b(x)} \frac{\partial g}{\partial x}(x,y)dy + b'(x)g(x,b(x)) - a'(x)g(x,a(x))$$

Beispiel 8.6.1: $f(\alpha) = \int\limits_{\alpha}^{\alpha^2} \frac{\sin\alpha y}{y}\,dy\ ;\quad \alpha \neq 0$

Lösung: $$f'(\alpha) = \int\limits_{\alpha}^{\alpha^2} \frac{y\cos\alpha y}{y}\,dy + 2\alpha\,\frac{\sin(\alpha\cdot\alpha^2)}{\alpha^2} - 1\cdot\frac{\sin(\alpha\cdot\alpha)}{\alpha} =$$

$$= \left[\frac{1}{\alpha}\sin\alpha y\right]_{\alpha}^{\alpha^2} + \frac{2}{\alpha}\sin\alpha^3 - \frac{1}{\alpha}\sin\alpha^2 =$$

$$= \frac{3}{\alpha}\sin\alpha^3 - \frac{2}{\alpha}\sin\alpha^2$$

8.7 Flächen im Raum

Durch die Gleichung $f(x,y,z) = 0$ ist eine Fläche im Raum (implizit) gegeben.

Die Tangentialebene an die Fläche $f(x,y,z) = 0$ im Punkt (x_0,y_0,z_0) der Fläche lautet:

$$\frac{\partial f}{\partial x}(x_0,y_0,z_0)\cdot(x-x_0) + \frac{\partial f}{\partial y}(x_0,y_0,z_0)\cdot(y-y_0) + \frac{\partial f}{\partial z}(x_0,y_0,z_0)\cdot(z-z_0) =$$

(abgekürzte Schreibweise: $\operatorname{grad} f\,(x_0,y_0,z_0)\cdot((x-x_0),(y-y_0),(z-z_0))$)

Der Gradient von f steht senkrecht auf der Tangentialebene, man nennt ihn auch <u>Flächennormale</u>.

<u>Bemerkung:</u> Kann man die Gleichung $f(x,y,z) = 0$ nach z auflösen, so erhält man eine explizite Darstellung der Fläche $z = z(x,y)$.
(Die Auflösung von $f(x,y,z) = 0$ nach z ist möglich, wenn $\frac{\partial f}{\partial z} \neq 0$ ist.)

Die Tangentialebene im Punkte (x_0,y_0,z_0) der Fläche lautet dann:

$$z - z_0 = \frac{\partial z}{\partial x}(x_0,y_0,z_0)\cdot(x-x_0) + \frac{\partial z}{\partial y}(x_0,y_0,z_0)\cdot(y-y_0)$$

Setzt man in der Darstellung $z = z(x,y)$ der Fläche $z = c$ konstant, dann wird durch die Gleichung $z(x,y) = c$ implizit eine Kurve beschrieben. Sie heißt die <u>Niveaulinie</u> (<u>Höhenlinie</u>) der Fläche $f(x,y,z) = 0$ für $z = c$.
Für eine Funktion $f(x,y,z)$ und einen Punkt $P_0 = (x_0,y_0,z_0)$ heißt die Fläche $f(x,y,z) - f(x_0,y_0,z_0) = 0$ die <u>Niveaufläche</u> von $f(x,y,z)$ durch den Punkt P_0.

<u>Beispiel 8.7.1:</u> Man bestimme die Tangentialebene an die Fläche $f(x,y,z) = x^2 + y^2 - z = 0$ im Punkt $(x_0,y_0,z_0) = (1,2,5)$

<u>Lösung:</u>

$\operatorname{grad} f = (2x,2y,-1)$, $\operatorname{grad} f(1,2,5) = (2,4,-1)$

Tangentialebene in $(1,2,5)$: $2(x-1)+4(y-2)-1(z-5) = 0$

oder $2x + 4y - z = 5$

(Hier hat man auch eine explizite Darstellung der Fläche $x^2 + y^2 - z = 0$, nämlich $z = z(x,y) = x^2 + y^2$.)

Aufgaben: 8.1 - 8.16, auch 5.1, 5.2, 5.3, 11.5

9. Mehrfachintegrale

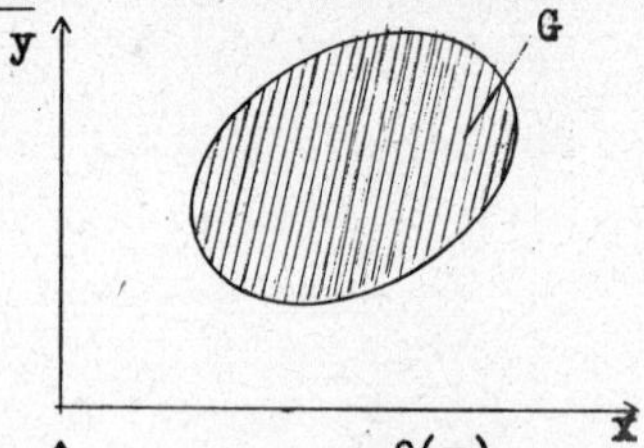

9.1 Gebietsintegrale

Zur Berechnung des Gebietsintegrals

$$\iint_G f(x,y)\,dx\,dy$$

gibt es die beiden folgenden Wege:

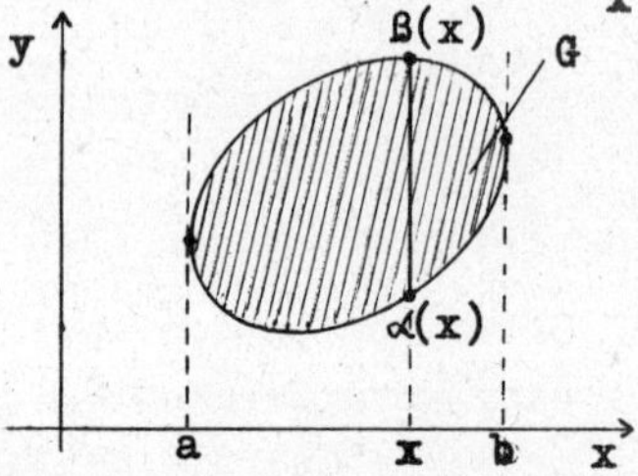

1.Weg: $\iint_G f(x,y)\,dx\,dy =$

$$= \int_{x=a}^{x=b} \left(\int_{y=\alpha(x)}^{y=\beta(x)} f(x,y)\,dy \right) dx$$

Beim inneren Integral über y wird x als Konstante festgehalten.

Nach Ausführung dieser Integration nach y und Einsetzen der oberen und unteren Grenze erhält man eine nur noch von x abhängige Funktion. Diese ist noch bezüglich x von a nach b zu integrieren.

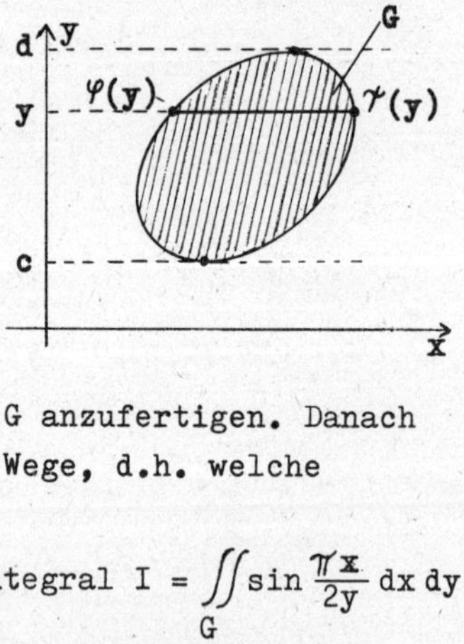

2.Weg: $\iint_G f(x,y)\,dx\,dy =$

$$= \int_{y=c}^{y=d} \left(\int_{x=\varphi(y)}^{x=\psi(y)} f(x,y)\,dx \right) dy$$

Das Integrationsgebiet G ist meist durch seine Berandung gegeben.

Es ist vorteilhaft eine Skizze von G anzufertigen. Danach entscheide man, welcher der beiden Wege, d.h. welche Integrationsfolge günstiger ist.

Beispiel 9.1.1: Man berechne das Integral $I = \iint_G \sin\frac{\pi x}{2y}\,dx\,dy$,

wobei G das durch die Kurven C_1: $y = x$, C_2: $y = 2$, C_3: $y^2 = x$ eingeschlossene Gebiet ist, das in der Halbebene $x \geq 1$ liegt.

Lösung:

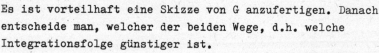

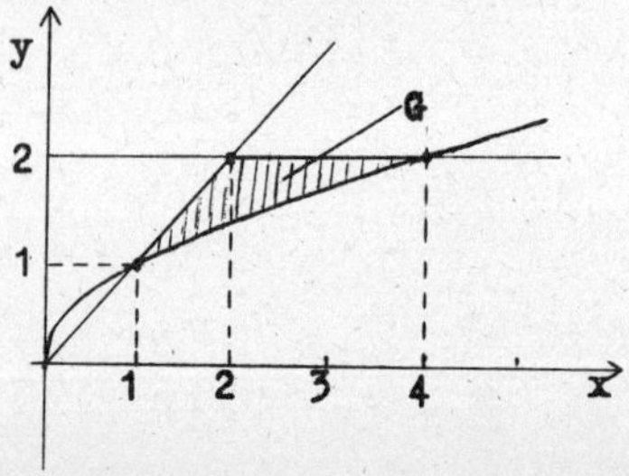

1.Weg: $a = 1$, $b = 4$

$\alpha(x) = \sqrt{x}$

$$\beta(x) = \begin{cases} x & \text{für } 1 \leq x \leq 2 \\ 2 & \text{für } 2 < x \leq 4 \end{cases}$$

Die obere Grenze ß(x) ist nicht geschlossen darstellbar. Deshalb ist gemäß der verschiedenen Darstellungen von ß(x) das Integral über x in mehrere Integrale aufzuspalten:

$$\iint_G \sin\frac{\pi x}{2y}\,dx\,dy = \int_{x=a}^{x=b}\Big(\int_{y=\alpha(x)}^{y=ß(x)} \sin\frac{\pi x}{2y}\,dy\Big)dx =$$

$$= \int_{x=1}^{x=2}\Big(\int_{y=\sqrt{x}}^{y=x} \sin\frac{\pi x}{2y}\,dy\Big)dx + \int_{x=2}^{x=4}\Big(\int_{y=\sqrt{x}}^{y=2} \sin\frac{\pi x}{2y}\,dy\Big)dx$$

Die inneren Integrale sind sehr kompliziert zu lösen. In einem solchen Fall versucht man den anderen Weg.

2.Weg: $c = 1,\ d = 2,\ \varphi(y) = y,\ \psi(y) = y^2$

$$\iint_G \sin\frac{\pi x}{2y}\,dx\,dy = \int_{y=c}^{y=d}\Big(\int_{x=\varphi(y)}^{x=\psi(y)} \sin\frac{\pi x}{2y}\,dx\Big)dy = \int_{y=1}^{y=2}\Big(\int_{x=y}^{x=y^2} \sin\frac{\pi x}{2y}\,dx\Big)dy =$$

$$= \int_{y=1}^{y=2}\Big(\Big[-\frac{2y}{\pi}\cos\frac{\pi x}{2y}\Big]_{x=y}^{x=y^2}\Big)dy =$$

$$= \int_{y=1}^{y=2}\Big(-\frac{2y}{\pi}\cos\frac{\pi y}{2} + \frac{2y}{\pi}\underbrace{\cos\frac{\pi}{2}}_{=0}\Big)dy =$$

$$= -\frac{2}{\pi}\int_{y=1}^{y=2} y\cos\frac{\pi y}{2}\,dy = -\frac{2}{\pi}\left[\frac{4\cos\frac{\pi y}{2}}{\pi^2} + \frac{2y\sin\frac{\pi y}{2}}{\pi}\right]_{y=1}^{y=2} =$$

$$= -\frac{2}{\pi}\Big(\frac{4}{\pi^2}(-1) + 0 - 0 - \frac{2}{\pi}1\Big) = \frac{8}{\pi^3} + \frac{4}{\pi^2}$$

__Bemerkung:__ Zur Berechnung des __Flächeninhalts__ F(G) eines Gebietes G ist $f(x,y) = 1$ zu setzen: $F(G) = \iint_G dx\,dy$

9.2 Volumenintegrale

Berechnung eines Volumenintegrals

$$\iiint_G f(x,y,z)\,dx\,dy\,dz =$$

$$= \int_{x=a}^{x=b}\Big(\int_{y=\alpha(x)}^{y=ß(x)}\Big(\int_{z=A(x,y)}^{z=B(x,y)} f(x,y,z)\,dz\Big)dy\Big)dx$$

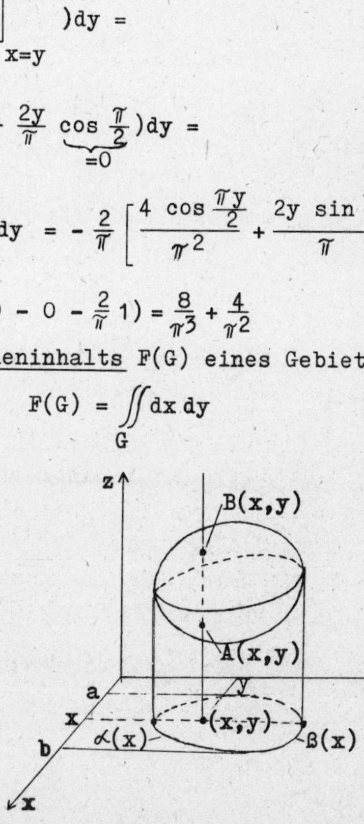

Wie bei Gebietsintegralen kann auch bei Volumenintegralen eine andere Integrationsreihenfolge gewählt werden.

<u>Bemerkung:</u> Zur Berechnung des <u>Volumens</u> V(G) eines Bereiches G ist $f(x,y,z) = 1$ zu setzen: $V(G) = \iiint_G 1\,dx\,dy\,dz$.

<u>Beispiel 9.2.1:</u> Man berechne das Volumen des durch die folgenden fünf Flächen im $\mathbb{R}^3$ eingeschlossenen Körpers:

$$z = 0;\; z = \frac{1}{(1+x+y)^2};\; x = 0;\; y = x;\; y = 2 - x\ .$$

<u>Lösung:</u> $V(G) = \iiint_G 1\,dz\,dy\,dx =$

$$= \int_{x=0}^{x=1} \Big(\int_{y=x}^{y=2-x} \Big(\int_{z=0}^{z=(1+x+y)^{-2}} 1\,dz \Big) dy \Big) dx =$$

$$= \int_{x=0}^{x=1} \Big(\int_{y=x}^{y=2-x} \frac{1}{(1+x+y)^2}\,dy \Big) dx =$$

$$= \int_{x=0}^{x=1} \Big(\Big[-\frac{1}{1+x+y} \Big]_{y=x}^{y=2-x} \Big) dx$$

$$= \int_{x=0}^{x=1} \Big(-\frac{1}{3} + \frac{1}{1+2x} \Big) dx =$$

$$= \Big[-\frac{1}{3}x + \frac{1}{2}\ln(1+2x) \Big]_{x=0}^{x=1} = -\frac{1}{3} + \frac{1}{2}\ln 3\ .$$

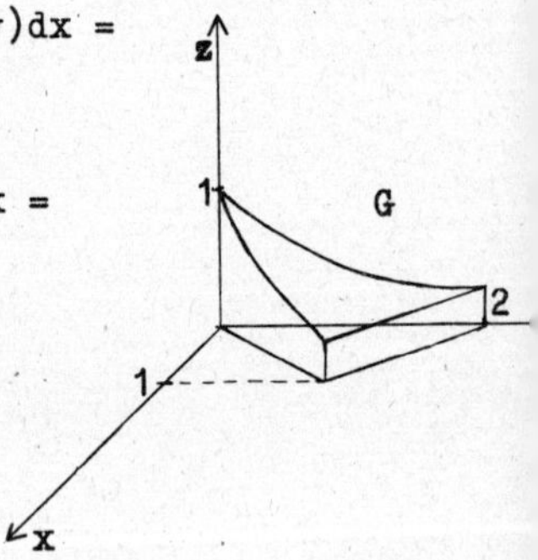

<u>9.3 Koordinatentransformation</u>

Oft läßt sich in einem Gebietsintegral $\iint_G f(x,y)\,dx\,dy$ die Funkt: f(x,y) oder das Gebiet G einfacher durch andere Koordinaten u u: v als durch die Koordinaten x und y darstellen. Das Gebietsinte: gral kann man dann wie folgt berechnen:

$$\iint_G f(x,y)\,dx\,dy = \iint_{G} f(x(u,v),\,y(u,v)) \cdot \left| \frac{\partial(x,y)}{\partial(u,v)} \right| du\,dv\ .$$

Dazu braucht man die Transformation $x = x(u,v)$, $y=y(u,v)$, die

Funktionaldeterminante $\left|\frac{\partial(x,y)}{\partial(u,v)}\right| = \det \begin{pmatrix} \frac{\partial x}{\partial u} & \frac{\partial y}{\partial u} \\ \frac{\partial x}{\partial v} & \frac{\partial y}{\partial v} \end{pmatrix} =$

$$= \frac{\partial x}{\partial u} \cdot \frac{\partial y}{\partial v} - \frac{\partial y}{\partial u} \cdot \frac{\partial x}{\partial v}$$

und die Darstellung von f und G in den neuen Koordinaten u und v. Wichtig ist die Transformation der kartesischen Koordinaten x und y auf

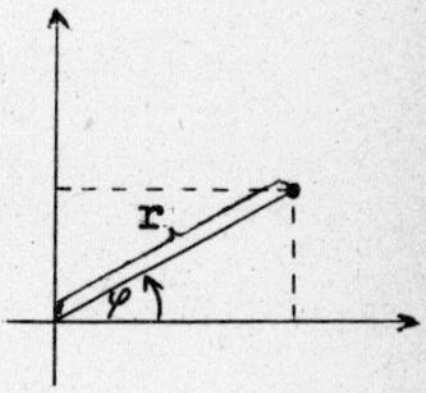

Polarkoordinaten: $x = r\cos\varphi$, $y = r\sin\varphi$

$$\left|\frac{\partial(x,y)}{\partial(r,\varphi)}\right| = r\,; \quad dx\,dy = r\,dr\,d\varphi$$

$$(r = \sqrt{x^2+y^2}, \quad \varphi = \operatorname{arctg}\frac{y}{x})$$

Beispiel 9.3.1: Man berechne das Gebietsintegral

$$\iint_G \cos(x^2+y^2)\, e^{\sin(x^2+y^2)} dx\,dy \,.$$

Dabei ist G das im ersten Quadranten liegende Kreisringsegment, das durch die beiden Kreise $x^2+y^2=R_1^2$ und $x^2+y^2=R_2^2$, $R_1 < R_2$ und die Geraden $y=x$ und $x=0$ begrenzt wird.

Lösung:

$$\iint_G \cos(x^2+y^2)\, e^{\sin(x^2+y^2)} dx\,dy$$

$$= \iint_G \cos r^2 e^{\sin r^2} r\,dr\,d\varphi$$

$$= \int_{r=R_1}^{r=R_2} \Big(\int_{\varphi=\pi/4}^{\varphi=\pi/2} r \cos r^2\, e^{\sin r^2} d\varphi\Big) dr =$$

$$= \frac{\pi}{4} \int_{r=R_1}^{r=R_2} r \cos r^2\, e^{\sin r^2} dr =$$

$$= \frac{\pi}{4} \cdot \frac{1}{2} \int_{t=\sin R_1^2}^{t=\sin R_2^2} e^t\,dt \qquad t = \sin r^2\,;\ dt = 2r \cdot \cos r^2 dr$$

$$= \frac{\pi}{8} (e^{\sin R_2^2} - e^{\sin R_1^2})$$

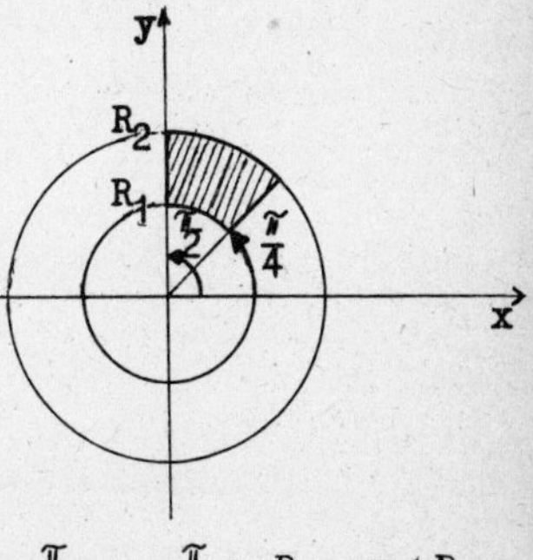

G: $\frac{\pi}{4} \leq \varphi \leq \frac{\pi}{2}$; $R_1 \leq r \leq R_2$

Ein Volumenintegral wird bei einer Koordinatentransformation $x = x(u,v,w)$, $y = y(u,v,w)$, $z = z(u,v,w)$ wie folgt umgeformt:

$$\iiint\limits_G f(x,y,z)\,dx\,dy\,dz = \iiint\limits_G f(x(u,v,w),y(u,v,w),z(u,v,w))\left|\frac{\partial(x,y,z)}{\partial(u,v,w)}\right| du\, d$$

$$\left|\frac{\partial(x,y,z)}{\partial(u,v,w)}\right| = \det\begin{pmatrix} \frac{\partial x}{\partial u} & \frac{\partial y}{\partial u} & \frac{\partial z}{\partial u} \\ \frac{\partial x}{\partial v} & \frac{\partial y}{\partial v} & \frac{\partial z}{\partial v} \\ \frac{\partial x}{\partial w} & \frac{\partial y}{\partial w} & \frac{\partial z}{\partial w} \end{pmatrix}$$

Zylinderkoordinaten: $x = r\cos\varphi$, $y = r\sin\varphi$, $z = z$

$$\left|\frac{\partial(x,y,z)}{\partial(r,\varphi,z)}\right| = r\,; \qquad dx\,dy\,dz = r\,dr\,d\varphi\,dz$$

Kugelkoordinaten: $x = r\sin\vartheta\cos\varphi$, $y = r\sin\vartheta\sin\varphi$, $z = r\cos\vartheta$

$$\left|\frac{\partial(x,y,z)}{\partial(r,\varphi,\vartheta)}\right| = r^2\sin\vartheta$$

$$dx\,dy\,dz = r^2\sin\vartheta\,dr\,d\varphi\,d\vartheta$$

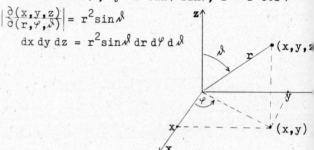

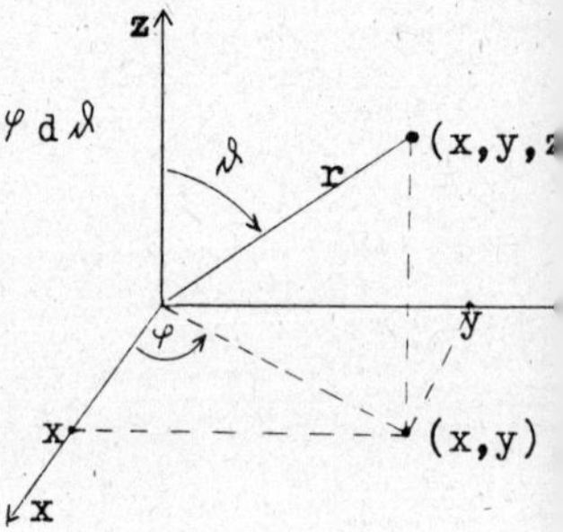

Aufgaben: 9.1 - 9.11

10. Kurven

10.1 Kurven in der Ebene

Eine Kurve in der Ebene kann durch eine

Parameterdarstellung $\begin{matrix} x = x(t) \\ y = y(t) \end{matrix}$ (vektorielle Schreibweise: $\vec{x} = \vec{x}(t)$)

oder durch eine

implizite Darstellung $g(x,y) = 0$ gegeben sein.

Beispiel 10.1.1: Gerade durch die Punkte $\vec{x}_1 = \begin{pmatrix} x_1 \\ y_1 \end{pmatrix}, \vec{x}_2 = \begin{pmatrix} x_2 \\ y_2 \end{pmatrix}$:

Parameterdarstellung: $\vec{x} = \vec{x}_1 + t(\vec{x}_2 - \vec{x}_1)$

oder komponentenweise

$x = x_1 + t(x_2 - x_1)$

$y = y_1 + t(y_2 - y_1)$

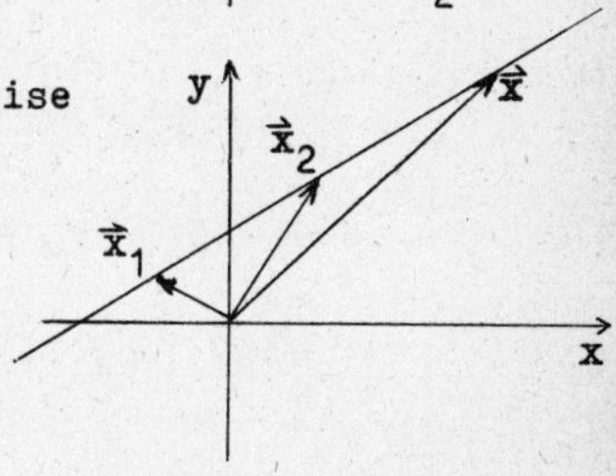

Implizite Darstellung: $\underbrace{\frac{y - y_1}{x - x_1} - \frac{y_2 - y_1}{x_2 - x_1}}_{g(x,y)} = 0$

Beispiel 10.1.2: Kreis:

Parameterdarstellung: $x = R \cdot \cos\varphi$

$y = R \cdot \sin\varphi$

(Parameter $t = \varphi$

mit $0 \leq \varphi < 2\pi$)

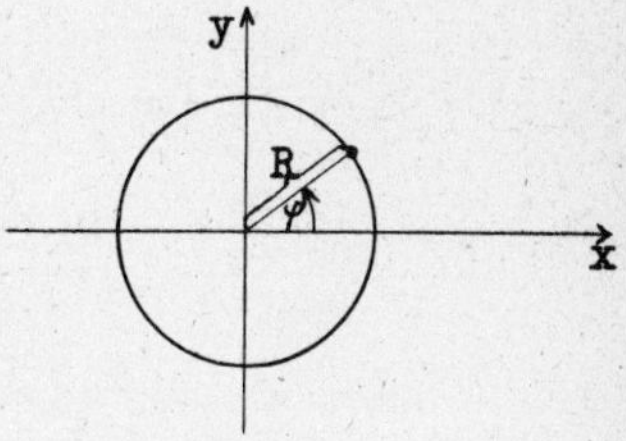

Implizite Darstellung: $\underbrace{x^2 + y^2 - R^2}_{g(x,y)} = 0$

Beispiel 10.1.3: Ellipse:

Parameterdarstellung: $x = a \cos t$

$y = b \sin t$

$0 \leq t < 2\pi$

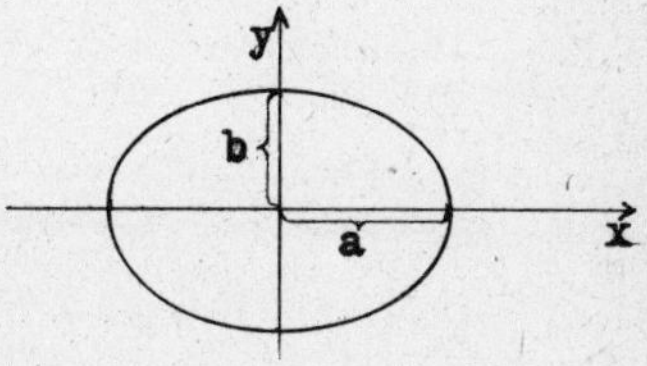

Implizite Darstellung: $\underbrace{\frac{x^2}{a^2} + \frac{y^2}{b^2} - 1}_{g(x,y)} = 0$

Bei einer Kurve interessieren die folgenden Größen:

a) Tangentenvektor $\vec{t} = \begin{pmatrix} \dot{x} \\ \dot{y} \end{pmatrix}$ mit $\dot{x} = \frac{dx}{dt}$; $\dot{y} = \frac{dy}{dt}$

Tangenteneinheitsvektor: $\frac{1}{\sqrt{\dot{x}^2 + \dot{y}^2}} \begin{pmatrix} \dot{x} \\ \dot{y} \end{pmatrix}$

b) Tangente im Punkt $\begin{pmatrix} x(t_0) \\ y(t_0) \end{pmatrix}$ ist die Gerade:

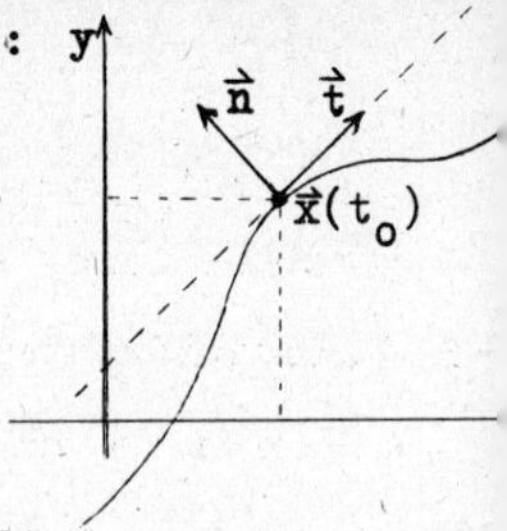

$$\begin{pmatrix} x \\ y \end{pmatrix} = \begin{pmatrix} x(t_0) \\ y(t_0) \end{pmatrix} + \tau \begin{pmatrix} \dot{x}(t_0) \\ \dot{y}(t_0) \end{pmatrix}, \quad \tau \text{ Parameter}$$

c) Normaleneinheitsvektor $\vec{n} = \frac{1}{\sqrt{\dot{x}^2 + \dot{y}^2}} \begin{pmatrix} -\dot{y} \\ \dot{x} \end{pmatrix}$

(steht senkrecht auf $\vec{t}$)

d) Bogenlänge von t_0 bis t_1 : $s(t_1) = \int_{t_0}^{t_1} \sqrt{\dot{x}^2 + \dot{y}^2}\, dt$

e) Krümmung $\varkappa = |k|$ mit $k = \frac{\ddot{x}\dot{y} - \ddot{y}\dot{x}}{(\sqrt{\dot{x}^2 + \dot{y}^2})^3}$

Krümmungsradius $\varrho = \frac{1}{\varkappa}$

Krümmungsmittelpunkt $\begin{pmatrix} x_m \\ y_m \end{pmatrix} = \begin{pmatrix} x \\ y \end{pmatrix} + \frac{1}{k}\vec{n}$

Beispiel 10.1.4: $x = t - \sin t$, $y = 1 - \cos t$ $\quad 0 \leq t < 2\pi$ (Zykloide)

Tangentenvektor $\vec{t} = \begin{pmatrix} \dot{x} \\ \dot{y} \end{pmatrix} = \begin{pmatrix} 1 - \cos t \\ \sin t \end{pmatrix}$

Tangente im Punkt t_0 : $\begin{pmatrix} x \\ y \end{pmatrix} = \begin{pmatrix} t_0 - \sin t_0 \\ 1 - \cos t_0 \end{pmatrix} + \tau \begin{pmatrix} 1 - \cos t_0 \\ \sin t_0 \end{pmatrix}$

Tangente im Punkt $t_0 = \frac{\pi}{2}$: $\begin{pmatrix} x \\ y \end{pmatrix} = \begin{pmatrix} \frac{\pi}{2} - 1 \\ 1 \end{pmatrix} + \tau \begin{pmatrix} 1 \\ 1 \end{pmatrix}$

Normaleneinheitsvektor $\vec{n} = \frac{1}{\sqrt{2(1 - \cos t)}} \begin{pmatrix} -\sin t \\ 1 - \cos t \end{pmatrix}$

Bogenlänge von t_0 bis t_1 : $s(t_1) = \int_0^{t_1} \sqrt{2}\sqrt{1 - \cos t}\, dt =$

$$= 2\int_0^{t_1} \sqrt{\sin^2 \frac{t}{2}}\, dt = 2\int_0^{t_1} \left|\sin \frac{t}{2}\right| dt$$

$$= 2\int_0^{t_1} \sin \frac{t}{2}\, dt = -4\left[\cos \frac{t}{2}\right]_0^{t_1} =$$

$$= 4(1 - \cos \frac{t_1}{2})$$

Gesamtlänge: $L = s(2\pi) = 8$

Krümmung: $\varkappa = |k|$; $k = \dfrac{\ddot{x}\dot{y} - \ddot{y}\dot{x}}{(\sqrt{\dot{x}^2 + \dot{y}^2})^3}$

$$\left.\begin{array}{l}\ddot{x} = \sin t\\ \ddot{y} = \cos t\end{array}\right\} \quad \ddot{x}\dot{y} - \ddot{y}\dot{x} = \sin^2 t - \cos t(1 - \cos t) = 1 - \cos t$$

$$k = \frac{1 - \cos t}{\sqrt{2(1 - \cos t)}^3} = \frac{1}{2\sqrt{2(1 - \cos t)}} = \frac{1}{4\cdot\sin\frac{t}{2}}$$

$$\varkappa = \frac{1}{4\cdot\sin\frac{t}{2}} \qquad \varrho = 4\cdot\sin\frac{t}{2}$$

Krümmungsmittelpunkt: $x_m = t - \sin t + 2(-\sin t) = 1 - 3\sin t$

$$y_m = 1 - \cos t + 2(1 - \cos t) = 3(1 - \cos t)$$

Beispiel 10.1.5: Ist eine Kurve implizit durch $g(x,y) = 0$ gegeben und kann man diese Gleichung nach y auflösen, so erhält man eine explizite Darstellung der Kurve:

Dies ist eine spezielle Parameterdarstellung dieser Kurve (mit dem Parameter $t = x$):

$x = x$

$y = f(x)$.

(Die Auflösung von $g(x,y) = 0$ nach y ist möglich, wenn $\frac{\partial g}{\partial y} \neq 0$ ist.)

In diesem Fall vereinfachen sich die Formeln für die obigen Größen:

$\dot{x} = 1 \qquad \ddot{x} = 0$

$\dot{y} = f'(x) \qquad \ddot{y} = f''(x)$

$$s(x_1) = \int_{x_0}^{x_1} \sqrt{1 + f'(x)^2}\, dx$$

$$\varkappa(x) = \frac{|f''(x)|}{\sqrt{1 + (f'(x))^2}^3}$$

10.2 Kurven im Raum

Eine Kurve im Raum ist i.a. durch eine

Parameterdarstellung $x = x(t)$

$y = y(t)$ (vektorielle Schreibweise $\vec{x} = \vec{x}(t)$)

$z = z(t)$

gegeben.

(Eine Kurve kann auch implizit als Schnittlinie zweier Flächen $f_1(x,y,z) = 0$ und $f_2(x,y,z) = 0$ gegeben sein.)

a) <u>Tangentenvektor</u> $\vec{t} = \begin{pmatrix} \dot{x} \\ \dot{y} \\ \dot{z} \end{pmatrix}$

Tangenteneinheitsvektor $\dfrac{1}{\sqrt{\dot{x}^2 + \dot{y}^2 + \dot{z}^2}} \cdot \begin{pmatrix} \dot{x} \\ \dot{y} \\ \dot{z} \end{pmatrix}$

b) <u>Tangente</u> im Punkt $\begin{pmatrix} x(t_0) \\ y(t_0) \\ z(t_0) \end{pmatrix}$ ist die Gerade:

$$\begin{pmatrix} x \\ y \\ z \end{pmatrix} = \begin{pmatrix} x(t_0) \\ y(t_0) \\ z(t_0) \end{pmatrix} + \tau \cdot \begin{pmatrix} \dot{x}(t_0) \\ \dot{y}(t_0) \\ \dot{z}(t_0) \end{pmatrix}, \quad \tau \text{ Parameter}$$

c) <u>Bogenlänge</u> von t_0 bis t_1: $s(t_1) = \int_{t_0}^{t_1} \sqrt{\dot{x}^2 + \dot{y}^2 + \dot{z}^2}\, dt$

<u>10.3 Richtungsableitung</u>

Für eine Funktion $f(x,y,z)$ und einen <u>Richtungsvektor</u> $\vec{r} = (r_1, r_2, r_3)$ mit $|r| = \sqrt{r_1^2 + r_2^2 + r_3^2} = 1$ lautet die <u>Richtungsableitung</u>

$$\frac{df}{d\vec{r}} = \frac{\partial f}{\partial x} \cdot r_1 + \frac{\partial f}{\partial y} \cdot r_2 + \frac{\partial f}{\partial z} \cdot r_3 \quad \text{(abgekürzte Schreibweise } \frac{df}{d\vec{r}} = \operatorname{grad} f \cdot \vec{r}\text{)}$$

<u>Beispiel 10.3.1</u>: Man bestimme die Richtungsableitung der Funktion $f(x,y,z) = x^2yz^3$ in Richtung der Tangente an die Kurve

$$\vec{x} = \begin{pmatrix} e^{-t} \\ 2\sin t + 1 \\ t - \cos t \end{pmatrix} \text{ im Punkt } \vec{x}_0 = \begin{pmatrix} 1 \\ 1 \\ -1 \end{pmatrix}$$

<u>Lösung</u>: Tangentenvektor $\vec{t} = \dot{\vec{x}} = \begin{pmatrix} -e^{-t} \\ 2\cos t \\ 1 + \sin t \end{pmatrix}$

Tangentenvektor im Punkt $\begin{pmatrix} 1 \\ 1 \\ -1 \end{pmatrix}$ für $t_0 = 0$

$$\vec{t}(0) = \dot{\vec{x}}(0) = \begin{pmatrix} -1 \\ 2 \\ 1 \end{pmatrix}$$

$$|\vec{t}(0)| = \sqrt{(-1)^2 + 2^2 + 1^2} = \sqrt{6}$$

Richtungsvektor $\vec{r}(0) = \dfrac{\vec{t}(0)}{|\vec{t}(0)|} = \dfrac{1}{\sqrt{6}} \begin{pmatrix} -1 \\ 2 \\ 1 \end{pmatrix}$

$\operatorname{grad} f = (2xyz^3,\ x^2z^3,\ 3x^2yz^2)$

$\operatorname{grad} f\,(1,1,-1) = (-2,-1,3)$

Richtungsableitung im Punkt $\begin{pmatrix} 1 \\ 1 \\ -1 \end{pmatrix}$ in Richtung der Tangente $\dfrac{df}{d\vec{r}}(1,1,-1) = \dfrac{1}{\sqrt{6}}(+2 - 2 + 3) = \dfrac{3}{\sqrt{6}} = \dfrac{\sqrt{6}}{2}$

Aufgaben: 10.1 - 10.6

11. Kurvenintegrale

Für ein Vektorfeld $\vec{K}$ und eine Kurve C bezeichnet $\int_C \vec{K}\,d\vec{x}$ das Kurvenintegral (Wegintegral, Linienintegral) längs des Weges C ; das ist ausgeschrieben

im $\mathbb{R}^2$:	im $\mathbb{R}^3$:
$\vec{K} = (u(x,y),\ v(x,y))$	$\vec{K} = (u(x,y,z),\ v(x,y,z),\ w(x,y,z))$
$\int_C \vec{K}\,d\vec{x} = \int_C u(x,y)dx + v(x,y)dy$	$\int_C \vec{K}\,d\vec{x} = \int_C u(x,y,z)dx + v(x,y,z)dy + w(x,y,z)dz$

Das Kurvenintegral $\int_C \vec{K}\,d\vec{x}$ ist wegunabhängig, wenn die Integrabilitätsbedingungen erfüllt sind, d.i.

im $\mathbb{R}^2$:	im $\mathbb{R}^3$:
$u_y = v_x$	$u_y = v_x\,,\quad u_z = w_x\,,\quad v_z = w_y$

11.1 Berechnung eines Kurvenintegrals

Ist das Kurvenintegral $\int_C \vec{K}\,d\vec{x}$ wegunabhängig, dann kann man es wie im folgenden oder (besser) mit Hilfe eines Potentials, siehe Abschnitt 11.2, berechnen.

Ist das Kurvenintegral $\int_C \vec{K}\,d\vec{x}$ nicht wegunabhängig, so benötigt man zur Berechnung eine Parameterdarstellung der Kurve C:

im $\mathbb{R}^2$:	im $\mathbb{R}^3$:
$C : \vec{x} = \vec{x}(t) = \begin{pmatrix} x(t) \\ y(t) \end{pmatrix},\ t_0 \le t \le t_1$	$C : \vec{x} = \vec{x}(t) = \begin{pmatrix} x(t) \\ y(t) \\ z(t) \end{pmatrix},\ t_0 \le t \le t_1$
$\int_C \vec{K}\,d\vec{x} = \int_{t_0}^{t_1} (u\dot{x} + v\dot{y})dt$	$\int_C \vec{K}\,d\vec{x} = \int_{t_0}^{t_1} (u\dot{x} + v\dot{y} + w\dot{z})dt$

Beispiel 11.1.1: Man berechne $\int_C \vec{K}\,d\vec{x}$ mit $\vec{K} = (x^2,\ 2xy + z^2,\ y)$.

Dabei ist C

a) die durch die Parameterdarstellung

$$\vec{x}(t) = \begin{pmatrix} 1 - t^2 \\ 1 + t^3 \\ 2t \end{pmatrix},\ 0 \le t \le 1$$ gegebene Kurve,

b) die geradlinige Verbindung der Endpunkte der unter a) gegebenen Kurve.

Lösung: a) $x=1-t^2$, $\dot{x}=-2t$, $u=x^2=(1-t^2)^2$
$y=1+t^3$, $\dot{y}=3t^2$, $v=2xy+z^2=2(1-t^2)(1+t^3)+4t^2$
$z=2t$, $\dot{z}=2$, $w=y=1+t^3$

$$\int_{C_a} \vec{K}\,d\vec{x} = \int_{t=0}^{t=1} ((1-t^2)^2(-2t)+(2(1-t^2)(1+t^3)+4t^2)3t^2+(1+t^3)2)dt = \frac{33}{6}$$

b) C : Geradenstück von $\vec{x}_0 = \begin{pmatrix}1\\1\\0\end{pmatrix}$ bis $\vec{x}_1 = \begin{pmatrix}0\\2\\2\end{pmatrix}$

Parameterdarstellung dieses Geradenstücks

$\vec{x}(t) = \vec{x}_0 + t(\vec{x}_1 - \vec{x}_0)$; $0 \le t \le 1$

$x(t)=1+t(0-1)$, $x(t)=1-t$, $\dot{x}=-1$, $u=x^2=(1-t)^2$
$y(t)=1+t(2-1)$, $y(t)=1+t$, $\dot{y}=1$, $v=2xy+z^2=2(1-t^2)+4t^2$
$z(t)=0+t(2-0)$, $z(t)=2t$, $\dot{z}=2$, $w=y=1+t$

$$\int_{C_b} \vec{K}\,d\vec{x} = \int_{t=0}^{t=1} ((1-t)^2(-1)+(2(1-t^2)+4t^2)\cdot 1+(1+t)2)dt = \frac{16}{3}$$

(Vergleich der Ergebnisse von a) und b) zeigt, daß der Wert des Integrals davon abhängig ist, über welchen Weg es sich von $\vec{x}_0$ nach $\vec{x}_1$ erstreckt, es ist wegabhängig.)

11.2 Berechnung eines Potentials

Ist das Wegintegral $\int_C \vec{K}\,d\vec{x}$ wegunabhängig, dann hängt der Wert des Integrals nur vom Anfangspunkt $\vec{x}_0$ und vom Endpunkt $\vec{x}_1$ der Kurve C ab und nicht davon, auf welche Weise man von $\vec{x}_0$ nach $\vec{x}_1$ gelangt. In diesem Falle gibt es ein Potential ϕ des Vektor= feldes $\vec{K}$. Für dieses Potential gilt

$\vec{K} = \operatorname{grad}\phi$ und $\int_C \vec{K}\,d\vec{x} = \phi(\vec{x}_1) - \phi(\vec{x}_0)$, d.i. ausgeschrieben:

im $\mathbb{R}^2$:

$u(x,y) = \phi_x(x,y)$
$v(x,y) = \phi_y(x,y)$

$$\int_C u\,dx+v\,dy = \phi(x_1,y_1)-\phi(x_0,y_0)$$

im $\mathbb{R}^3$:

$u(x,y,z) = \phi_x(x,y,z)$
$v(x,y,z) = \phi_y(x,y,z)$
$w(x,y,z) = \phi_z(x,y,z)$

$$\int_C u\,dx+v\,dy+w\,dz = \phi(x_1,y_1,z_1)-\phi(x_0,y_o$$

Zur Berechnung eines Potentials ϕ hat man zwei Möglichkeiten.

1.Möglichkeit:

im $\mathbb{R}^2$:	im $\mathbb{R}^3$:
Man integriert $\phi_x = u$ nach x und $\phi_y = v$ nach y:	Man integriert $\phi_x = u$ nach x, $\phi_y = v$ nach y und $\phi_z = w$ nach z:
$\phi(x,y) = \int u(x,y)dx + g_1(y)$ $\phi(x,y) = \int v(x,y)dy + g_2(x)$	$\phi(x,y,z) = \int u(x,y,z)dx + g_1(y,z)$ $\phi(x,y,z) = \int v(x,y,z)dy + g_2(x,z)$ $\phi(x,y,z) = \int w(x,y,z)dz + g_3(x,y)$
$g_1(y)$ und $g_2(x)$ bestimmt man durch Vergleich der beiden Darstellungen von $\phi(x,y)$.	$g_1(y,z)$, $g_2(x,z)$ und $g_3(x,y)$ bestimmt man durch Vergleich der drei Darstellungen von $\phi(x,y,z)$.

2. Möglichkeit:

Man berechnet ein Potential durch Berechnung eines Kurvenintegral nach der Methode von 11.1 : $\phi(\vec{x}_1) = \int_C \vec{K}\,d\vec{x}$; dabei gibt man sich einen festen Anfangspunkt $\vec{x}_0$ vor.
Den Integrationsweg C von $\vec{x}_0$ zum variablen Endpunkt $\vec{x}_1$ kann man nach Belieben wählen. Bei sogenannten "Hakenwegen" wird das Ausrechnen der Integrale meist einfach.

Beispiel 11.2.1: Man untersuche, ob das Vektorfeld

$$\vec{K} = \left(-\frac{1}{x+y}, \frac{x}{y(x+y)}\right)$$

ein Potential besitzt, und bestimme gegebenenfalls ein solches.

Lösung: $u(x,y) = -\frac{1}{x+y}$, $v(x,y) = \frac{x}{y(x+y)}$, $y \neq 0$ und $x+y \neq 0$

Integrabilitätsbedingung: Ist $u_y = v_x$ erfüllt ?

$$u_y = \frac{1}{(x+y)^2} ; \quad v_x = \frac{(x+y)\cdot 1 - x\cdot 1}{y(x+y)^2} = \frac{1}{(x+y)^2}$$

Integrabilitätsbedingung ist erfüllt. Also gibt es ein Potential $\phi(x,y)$.

Berechnung eines Potentials:

1.Möglichkeit:

$$\phi(x,y) = \int u(x,y)dx + g_1(y) = -\int \frac{1}{x+y}dx + g_1(y) = -\ln|x+y| + g_1(y)$$

$$\Phi(x,y) = \int v(x,y)dy + g_2(x) = \int \frac{x}{y(x+y)}\,dy + g_2(x) = \int \left(\frac{1}{y} - \frac{1}{x+y}\right)dy =$$
$$= \ln|y| - \ln|x+y| + g_2(x)$$

Vergleich beider Darstellungen von $\Phi(x,y)$ liefert
$g_1(y) = \ln|y|$, $g_2(x) = 0$, also $\Phi(x,y) = \ln|y| - \ln|x+y|$.

2.Möglichkeit: Es ist ein Anfangspunkt $\vec{x}_o = \binom{x_0}{y_o}$ und ein Weg C von $\vec{x}_0$ zu einem variablen Endpunkt $\vec{x}_1 = \binom{x_1}{y_1}$ zu wählen.

Man achtet darauf, daß die auszuwertenden Integrale "eigentliche Integrale" sind. Der Integrand muß also endlich sein. Dies ist dann der Fall, wenn $u(x,y)$ und $v(x,y)$ endlich sind, also $x + y \neq 0$ und $y \neq 0$ gilt. Der Integrationsweg C darf also keinen Punkt der Geraden $x + y = 0$ und $y = 0$ enthalten.

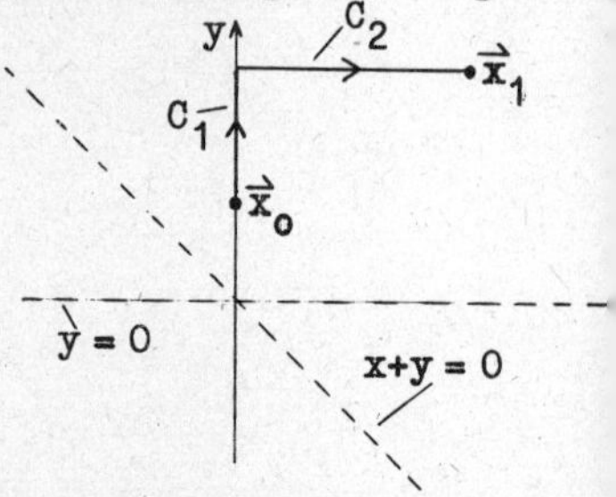

Für einen Endpunkt $\vec{x}_1 = \binom{x_1}{y_1}$ in dem Bereich $x + y > 0$, $y > 0$ muß man also einen Anfangspunkt $\vec{x}_o = \binom{x_0}{y_o}$ in demselben Bereich wählen, etwa $\vec{x}_o = \binom{0}{1}$.

Als Integrationsweg C wähle man den eingezeichneten Hakenweg. Damit erhält man:

$$\Phi(x_1,y_1) = \int_C -\frac{1}{x+y}\,dx + \frac{x}{y(x+y)}\,dy =$$
$$= \int_{C_1} -\frac{1}{x+y}\,dx + \frac{x}{y(x+y)}\,dy + \int_{C_2} -\frac{1}{x+y}\,dx + \frac{x}{y(x+y)}\,dy$$

C_1: Die Strecke von $\binom{x_0}{y_o} = \binom{0}{1}$ bis $\binom{x_o}{y_1} = \binom{0}{y_1}$,

d.h. $x = x_0 = 0$ konstant, $dx = 0$; y läuft von $y_0 = 1$ bis y_1.

C_2: Die Strecke von $\binom{0}{y_1}$ bis $\binom{x_1}{y_1}$,

d.h. x läuft von $x_0 = 0$ bis x_1 ; $y = y_1 =$ konstant, $dy = 0$.

$$\Phi(x_1,y_1) = \underset{(x=0,dx=0)}{\int_{y=1}^{y=y_1}} 0 + 0\,dy + \underset{(y=y_1,dy=0)}{\int_{x=0}^{x=x_1}} -\frac{1}{x+y_1}\,dx + 0 = \Big[-\ln(x+y_1)\Big]_{x=0}^{x=x_1} =$$
$$= -\ln(x_1+y_1) + \ln y_1$$

Für Endpunkte $\binom{x_1}{y_1}$ in den weiteren 3 Bereichen ist auch der Anfangspunkt $\binom{x_0}{y_o}$ jeweils in demselben Bereich zu wählen. Man verfährt analog.

Aufgaben: 11.1 - 11.6

12. Komplexe Zahlen

12.1 Rechnen mit komplexen Zahlen

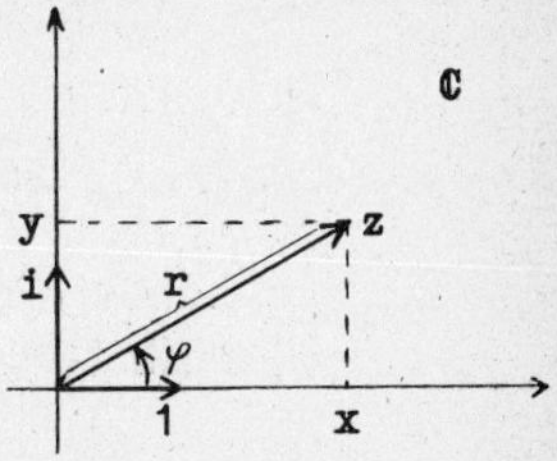

1. Darstellungen komplexer Zahlen

   a) $z = x + iy$ (Kartesische Koordinaten)

   b) $z = r e^{i\varphi}$ (Polarkoordinaten)

   Bezeichnungen:

   $x = \mathrm{Re}(z)$; $y = \mathrm{Im}(z)$; $\varphi = \arg(z)$;

   die zu $z = x + iy = r e^{i\varphi}$ konjugiert komplexe Zahl $\bar{z} = x - iy = r e^{-i\varphi}$

   Zusammenhänge:

   $r = |z| = \sqrt{x^2+y^2}$; $\varphi = \mathrm{arctg}\frac{y}{x}$; $x = r\cdot\cos\varphi$, $y = r\cdot\sin\varphi$.

2. Rechenregeln

   a) $e^{i(\varphi+k2\pi)} = e^{i\varphi}$, $k \in \mathbb{Z}$

   b) $e^{i\varphi} = \cos\varphi + i\sin\varphi$

   c) $i^2 = -1$

   d) $|z|^2 = z\,\bar{z} = r^2 = x^2+y^2$

   e) $z_1 + z_2 = (x_1 + x_2) + i(y_1 + y_2)$

   f) $z_1 \cdot z_2 = (x_1 + iy_1)(x_2 + iy_2) = (x_1x_2 - y_1y_2) + i(x_1y_2 + y_1x_2)$

   oder $z_1 \cdot z_2 = r_1 r_2 e^{i(\varphi_1 + \varphi_2)}$

   g) $\frac{z_1}{z_2} = \frac{z_1\,\bar{z}_2}{|z_2|^2} = \frac{x_1x_2 + y_1y_2}{x_2^2 + y_2^2} + i\,\frac{y_1x_2 - x_1y_2}{x_2^2 + y_2^2}$

   oder $\frac{z_1}{z_2} = \frac{r_1}{r_2}\, e^{i(\varphi_1 - \varphi_2)}$ für $z_2 \neq 0$

   h) $|z_1 \cdot z_2| = |z_1||z_2|$

3. Potenzieren

   $$z^n = r^n e^{in\varphi} = r^n(\cos n\varphi + i\sin n\varphi)$$

4. Wurzelziehen

   Beim Wurzelziehen ist die Mehrdeutigkeit des Winkels zu beachten:

   $$\sqrt[n]{z} = z^{\frac{1}{n}} = (r e^{i(\varphi + k2\pi)})^{\frac{1}{n}} = r^{\frac{1}{n}} e^{i\frac{\varphi}{n} + i\frac{k}{n}2\pi} =$$

   $$= r^{\frac{1}{n}}\left(\cos\left(\frac{\varphi}{n} + \frac{k}{n}2\pi\right) + i\sin\left(\frac{\varphi}{n} + \frac{k}{n}2\pi\right)\right).$$

   Für $k = 0, 1, 2, \ldots, n-1$ erhält man die n verschiedenen Werte $\sqrt[n]{z}$.

Diese liegen alle auf einem Kreis mit Radius $r^{\frac{1}{n}}$; sie bilden ein regelmäßiges n-Eck.

Beispiel 12.1.1: Gegeben sind die beiden komplexen Zahlen $z_1 = 3 - 5i$ und $z_2 = -1 + 2i$. Man bestimme Real- und Imaginärteil von $z_1 \cdot z_2$ und $\frac{z_1}{z_2}$.

Lösung: $z_1 \cdot z_2 = (3-5i)(-1+2i) = -3+5i+6i-10i^2 = 7+11i$

$$\frac{z_1}{z_2} = \frac{3-5i}{-1+2i} = \frac{(3-5i)(-1-2i)}{(-1)^2+(2)^2} = \frac{-13-i}{5} = -\frac{13}{5} - \frac{1}{5}i \, .$$

Beispiel 12.1.2: Man gebe die Polarkoordinaten r und φ für $z = -\sqrt{3} + i$ an.

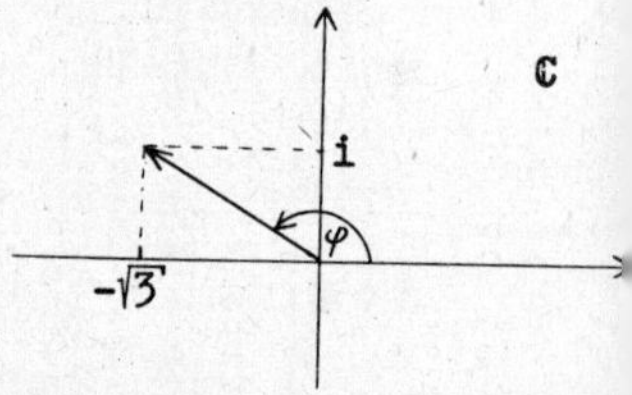

Lösung: $r = |z| = \sqrt{(\sqrt{3})^2 + 1^2} = 2$

$$\varphi = \arg(z) = \operatorname{arctg}\left(-\frac{1}{\sqrt{3}}\right) = \frac{5}{6}\pi$$

Beispiel 12.1.3: Man berechne $(1-i)^5$.

Lösung:

1.Weg: (Binomische Formel): $(1-i)^5 = 1-5i+10i^2-10i^3+5i^4-i^5 = 1-5i-10+10i+5-i = -4+4i$

2.Weg: (Polarkoordinaten): $1 - i = \sqrt{2}\, e^{i \operatorname{arctg}(-1)} = \sqrt{2}\, e^{-i\pi/4}$

$$(1-i)^5 = (\sqrt{2}\, e^{-i\frac{\pi}{4}})^5 = \sqrt{2}^{\,5} \cdot e^{-\frac{5}{4}\pi} = \sqrt{2} \cdot 4 \cdot e^{i\frac{3}{4}\pi} =$$

$$= \sqrt{2}\, 4(\cos\tfrac{3}{4}\pi + i \sin\tfrac{3}{4}\pi) = -4+4i$$

Beispiel 12.1.4: Man bestimme die Werte von $\sqrt[5]{-1}$

Lösung: $-1 = 1\, e^{i(\pi + k2\pi)}$

$$\sqrt[5]{-1} = \sqrt[5]{1}\, e^{i(\frac{1}{5}\pi + \frac{k}{5}2\pi)}$$

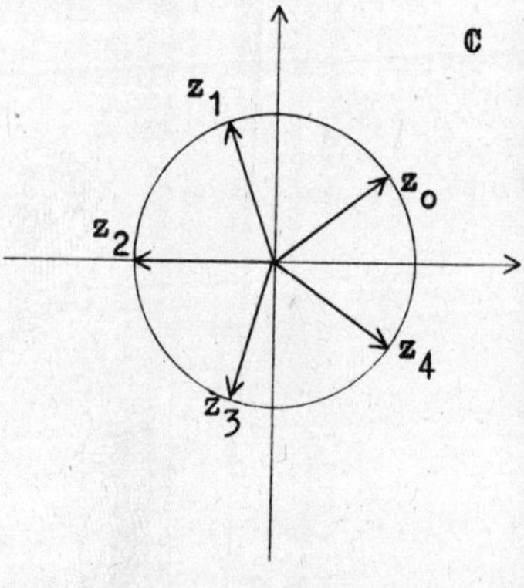

$k = 0$: $z_0 = 1 \cdot e^{i\frac{1}{5}\pi}$

$k = 1$: $z_1 = 1 \cdot e^{i\frac{3}{5}\pi}$

$k = 2$: $z_2 = 1 \cdot e^{i\pi} = -1$

$k = 3$: $z_3 = 1 \cdot e^{i\frac{7}{5}\pi}$

$k = 4$: $z_4 = 1 \cdot e^{i\frac{9}{5}\pi}$

Beispiel 12.1.5: Man bestimme $\sqrt{1+\sqrt{3}\,i}$

Lösung: $1+\sqrt{3}\,i = \sqrt{4}\,e^{i(\operatorname{arctg}\sqrt{3}+k2\pi)} = 2\cdot e^{i(\frac{\pi}{3}+k2\pi)}$

$$\sqrt[2]{1+\sqrt{3}\,i} = \sqrt[2]{2}\,e^{i(\frac{\pi}{6}+\frac{k}{2}2\pi)}$$

$$k=0:\quad z_0 = \sqrt{2}\,e^{i\frac{\pi}{6}} = \sqrt{2}(\cos\tfrac{\pi}{6} + i\sin\tfrac{\pi}{6}) = \frac{\sqrt{6}}{2} + i\frac{\sqrt{2}}{2}$$

$$k=1:\quad z_1 = \sqrt{2}\,e^{i\frac{7}{6}\pi} = \sqrt{2}(\cos\tfrac{7}{6}\pi + i\sin\tfrac{7}{6}\pi) = -\frac{\sqrt{6}}{2} - i\frac{\sqrt{2}}{2}$$

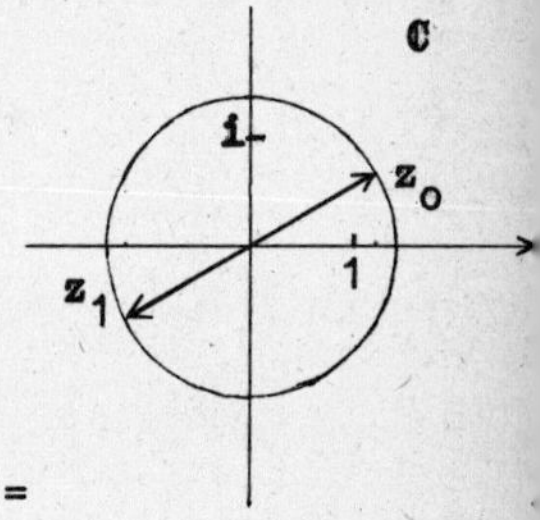

12.2 Ortskurven und Bereiche in der komplexen Ebene

Eine Ortskurve in der komplexen Ebene wird oft durch eine Gleichung in z beschrieben.

Ein Bereich in der komplexen Ebene wird durch Ungleichungen in z beschrieben.

Besonders wichtig sind:

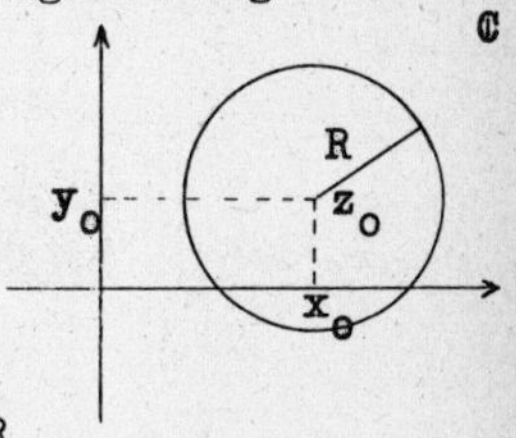

a) Kreis mit Mittelpunkt z_0 und Radius R:
$|z-z_0| = R$ oder $(z-z_0)\overline{(z-z_0)} = R^2$
(oder $(x-x_0)^2 + (y-y_0)^2 = R^2$)

b) Kreisscheibe mit Mittelpunkt z_0 und Radius R
ohne Rand: $|z-z_0| < R$
mit Rand: $|z-z_0| \leq R$

c) Äußeres eines Kreises mit Mittelpunkt z_0 und Radius R
ohne Rand: $|z-z_0| > R$
mit Rand: $|z-z_0| \geq R$

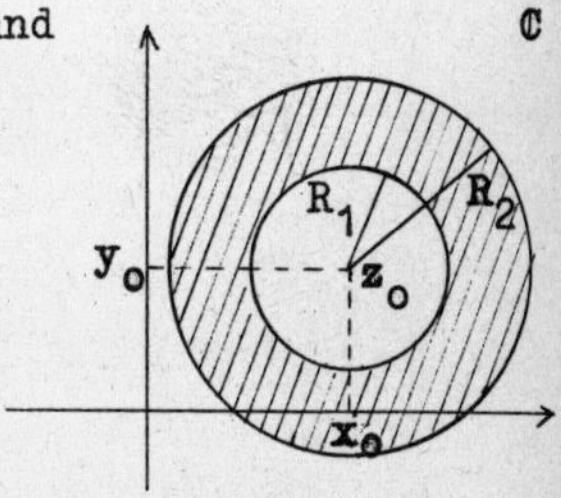

d) Kreisring mit Mittelpunkt z_0 zwischen den Radien R_1 und R_2
ohne Ränder: $R_1 < |z-z_0| < R_2$

Beispiel 12.2.1: $z\bar{z} = 4$ ist der Kreis um $z_0 = 0$ mit dem Radius $R = 2$

Beispiel 12.2.2: $|z+i-3|<2$ ist die Kreisscheibe mit Mittelpunkt $z_0=+3-i$ und Radius 2 ohne Rand

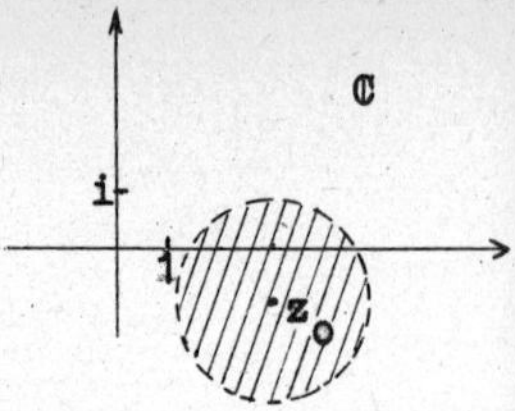

(Darstellung in kartesischen Koordinaten: $(x-3)^2+(y+1)^2<2^2$.)

Um die Gestalt allgemeiner Ortskurven oder Bereiche in der kom= plexen Ebene zu veranschaulichen, führt man die kartesischen Koordinaten x und y (gelegentlich auch Polarkoordinaten r und φ) ein.

Beispiel 12.2.3: Welche Ortskurve in der komplexen Ebene wird durch die Gleichung $|z+2|+|z-2|=6$ beschrieben ?

Lösung: $|z+2|=\sqrt{(x+2)^2+y^2}$, $\quad |z-2|=\sqrt{(x-2)^2+y^2}$

$$\sqrt{(x+2)^2+y^2}+\sqrt{(x-2)^2+y^2}=6 \quad \text{Quadrieren:}$$

$$(x+2)^2+y^2+2\sqrt{}\sqrt{}+(x-2)^2+y^2=36$$

$$2\sqrt{((x+2)^2+y^2)((x-2)^2+y^2)}=36-2x^2-8-2y^2, \text{ oder}$$

$$\sqrt{(x^2+4x+4+y^2)(x^2-4x+4+y^2)}=14-x^2-y^2. \quad \text{Quadrieren:}$$

$$x^4-8x^2+2x^2y^2+16+y^4+8y^2=216-28(x^2+y^2)+x^4+2x^2y^2+y^4$$

oder $\quad 20x^2+36y^2=196$

$$5x^2+9y^2=45$$

oder $\quad \frac{x^2}{3^2}+\frac{y^2}{\sqrt{5}^2}=1$

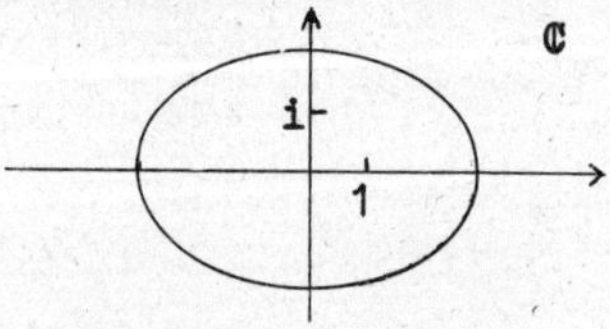

Dies ist eine Ellipse mit den Halbachsen 3 und $\sqrt{5}$.

Beispiel 12.2.4: Man skizziere in der Gaußschen Zahlenebene die Menge der Punkte, die den beiden Unglei= chungen $|z-i+1|<2$ und $\mathrm{Im}(z)\leq-\mathrm{Re}(z)$ genügen.

Lösung: Die erste Ungleichung beschreibt das Innere des Kreises mit Mit= telpunkt $z_0=-1+i$ und Radius 2. Wegen $\mathrm{Im}(z)=y$ und $\mathrm{Re}(z)=x$ lautet die zweite Ungleichung in kartesischen Koordinaten $y\leq-x$. Das ist die Halbebene unterhalb der Geraden $y=-x$.

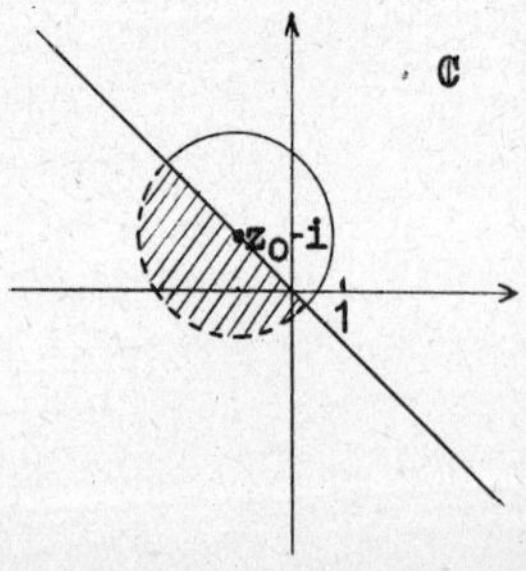

12.3 Gebrochen lineare Abbildungen

Eine gebrochen lineare Abbildung der komplexen Ebene $\mathbb{C}$ (z-Ebene) auf sich (w-Ebene) hat die Gestalt

$$w = \frac{az + b}{cz + d} \quad \text{mit } ad - bc \neq 0 \text{ ; dabei sind}$$

a, b, c und d konstante komplexe Zahlen.

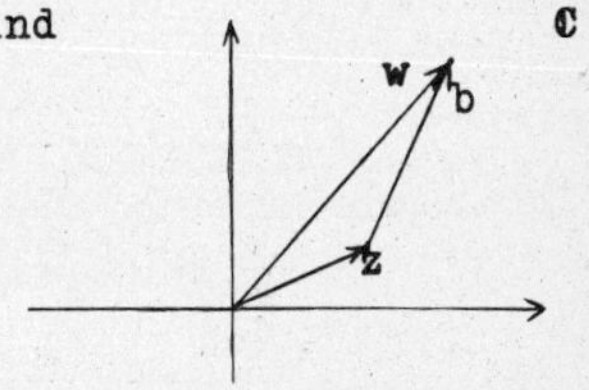

Spezialfälle:

a) Verschiebung: $w = z + b$

b) Drehstreckung: $w = az$

(mit $z = |z|\,e^{i\varphi}$ und $a = |a|\,e^{i\alpha}$

$w = |z||a|\,e^{i(\varphi+\alpha)}$, das heißt, der Vektor z wird um den Winkel $\alpha = \arg(a)$ gedreht und um das $|a|$-fache gestreckt (falls $|a| \geq 1$) bzw. gestaucht (falls $|a| < 1$).)

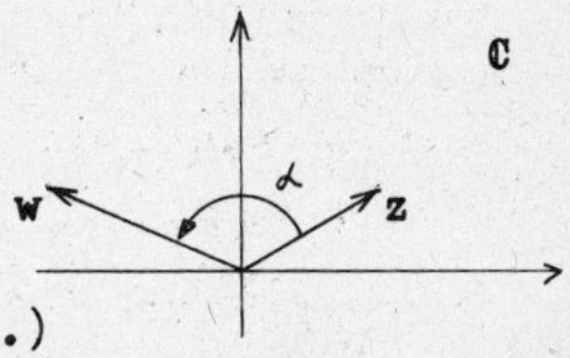

c) Stürzung: $w = \frac{1}{z}$

(mit $z = |z|\,e^{i\varphi}$ ist $w = \frac{1}{|z|}\,e^{-i\varphi}$, d.i. eine Spiegelung am Einheitskreis mit anschließender Spiegelung an der reellen Achse.)

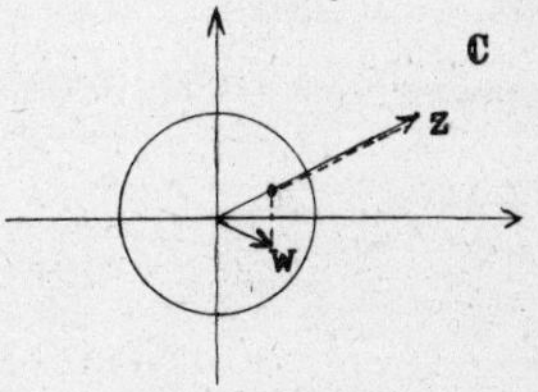

Bemerkung: Jede gebrochen lineare Abbildung läßt sich durch Hintereinanderausführung von Abbildungen des Typs (a),(b) und (c) darstellen.

Eigenschaften der gebrochen linearen Abbildungen

(a) Gerade / Kreis - Treue:
Eine Gerade der z-Ebene wird auf eine Gerade oder einen Kreis der w-Ebene abgebildet.
Ein Kreis der z-Ebene wird auf eine Gerade oder einen Kreis der w-Ebene abgebildet.

(b) Winkeltreue:
Schneiden sich zwei Kurven in der z-Ebene unter dem Winkel α, so schneiden sich auch die Bilder dieser Kurven in der w-Ebene unter dem gleichen Winkel α.

(c) Doppelverhältnis:

Für je vier voneinander verschiedene Punkte z_1, z_2, z_3, z_4 mit den zugehörigen Bildern w_1, w_2, w_3, w_4 gilt:

$$\frac{z_3 - z_1}{z_3 - z_2} : \frac{z_4 - z_1}{z_4 - z_2} = \frac{w_3 - w_1}{w_3 - w_2} : \frac{w_4 - w_1}{w_4 - w_2}$$

(Dabei können z_j oder w_j gleich ∞ sein; die Faktoren, in denen ∞ auftritt, können gegeneinander weggekürzt werden.)

Berechnung einer gebrochen linearen Funktion:

Zur Berechnung einer gebrochen linearen Funktion $\frac{az+b}{cz+d}$ benötigt man zu drei voneinander verschiedenen Punkten z_1, z_2, z_3 die zugehörigen Bildpunkte w_1, w_2, w_3. Mit $z_4 = z$ und $w_4 = w$ setzt man obiges Doppelverhältnis an und löst nach w auf.

Beispiel 12.3.1: Gesucht ist die gebrochen lineare Abbildung, welche die Punkte $z_1 = i$, $z_2 = 1$, $z_3 = -2$ auf die Punkte $w_1 = 0$, $w_2 = i$, $w_3 = 3$ abbildet

Lösung: Ansetzen des Doppelverhältnisses mit $z_4 = z$ und $w_4 = w$

$$\frac{-2-i}{-2-1} : \frac{z-i}{z-1} = \frac{3-0}{3-i} : \frac{w-0}{w-i}$$

Auflösen nach w:

$$\frac{2+i}{3} \cdot \frac{z-1}{z-i} = \frac{3}{3-i} \cdot \left(1 - \frac{i}{w}\right)$$

$$\frac{i}{w} = 1 - \frac{(3-i)(2+i)}{9} \cdot \frac{z-1}{z-i}$$

$$w = \frac{9iz+9}{(2-i)z + (7-8i)}$$

Beispiel 12.3.2: Gesucht ist die gebrochen lineare Abbildung, welche die Punkte $z_1 = 1$, $z_2 = \infty$, $z_3 = 0$ auf die Punkte $w_1 = \infty$, $w_2 = 0$, $w_3 = -1$ abbildet

Lösung: Ansetzen des Doppelverhältnisses

$$\frac{0-1}{0-\infty} : \frac{z-1}{z-\infty} = \frac{-1-\infty}{-1-0} : \frac{w-\infty}{w-0}$$

Wegkürzen der Faktoren mit ∞:

$$\frac{1}{z-1} = \frac{w}{1} \quad \Rightarrow \quad w = \frac{1}{z-1}$$

Beispiel 12.3.3: Gesucht ist eine gebrochen lineare Abbildung, die den Einheitskreis auf die imaginäre Achse abbildet, so daß das Innere des Einheitskrei= ses auf die linke Halbebene abgebildet wird. Dabei sollen die Punkte $z_1 = 1$, $z_2 = i$ auf $w_1 = 0$, $w_2 = i$ abgebildet werden.

Lösung: Zunächst muß man ein drittes Paar z_3 und w_3 festlegen. Da hier ein Kreis in eine Gerade übergeführt werden soll, so muß ein Punkt des Kreises auf den unendlich fernen Punkt der Geraden abgebildet werden. Wir wäh= len $z_3 = -1$ und $w_3 = \infty$.
Ansetzen des Doppelverhältnisses und Auflösen nach w ergibt schließlich

$$w = \frac{z-1}{z+1} .$$

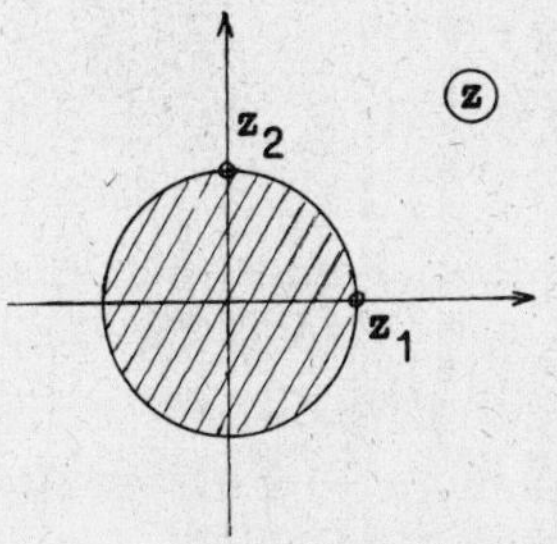

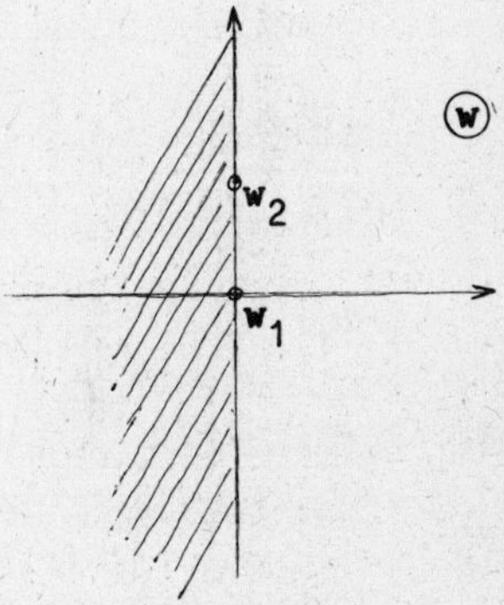

Aufgaben: 12.1 - 12.6, auch 4.11

13. Analytische Funktionen

Eine komplexwertige Funktion f(z) der komplexen Veränderlichen z kann man darstellen als $f(z) = f(x+iy) = u(x,y) + iv(x,y)$ mit reelle Funktionen u(x,y) und v(x,y). f(z) heißt analytisch oder regulär oder holomorph oder komplex-differenzierbar, wenn die Cauchy-Riemannschen Differentialgleichungen

$$u_x = v_y \quad \text{und} \quad u_y = -v_x$$

erfüllt sind.

Ist umgekehrt eine reelle Funktion u(x,y) gegeben, so ist diese Realteil oder Imaginärteil einer analytischen Funktion, wenn sie der Potentialgleichung $u_{xx} + u_{yy} = 0$ genügt. Den zugehörigen Imaginärteil bzw. Realteil bestimmt man mit Hilfe der Cauchy-Riemannschen Differentialgleichungen.

Beispiel 13.1: Die Funktion $f(z) = \frac{1}{z-i}$ ist analytisch im Gebiet $\mathbb{C} \setminus \{i\}$, denn

$$f(z) = \frac{1}{z-i} = \frac{1}{x+i(y-1)} = \underbrace{\frac{x}{x^2+(y-1)^2}}_{u(x,y)} + i\,\underbrace{\frac{-(y-1)}{x^2+(y-1)^2}}_{v(x,y)}$$

ist für alle $z \in \mathbb{C}$, $z \neq i$ (oder $(x,y) \neq (0,1)$) definiert.

Ferner gelten mit $u_x = \frac{x^2+(y-1)^2 - x \cdot 2x}{(x^2+(y-1)^2)^2} = \frac{(y-1)^2 - x^2}{(x^2+(y-1)^2)^2}$

$$v_y = \frac{(x^2+(y-1)^2)(-1) + (y-1)2(y-1)}{(x^2+(y-1)^2)^2} = \frac{(y-1)^2 - x^2}{(x^2+(y-1)^2)^2}$$

$$u_y = \frac{-x\,2(y-1)}{(x^2+(y-1)^2)^2} \quad ; \quad v_x = \frac{(y-1)\,2x}{(x^2+(y-1)^2)^2}$$

die Cauchy-Riemannschen Differentialgleichungen $u_x = v_y$, $u_y = -v_x$ für alle $(x,y) \neq (0,1)$.

Beispiel 13.2: Die Funktion $f(z) = \frac{1}{|z-i|}$ ist nirgends analytisch denn

$$f(z) = \underbrace{\frac{1}{\sqrt{x^2+(y-1)^2}}}_{u(x,y)} + i \cdot \underbrace{0}_{v(x,y)}$$ ist für alle $(x,y) \neq (0,1)$

definiert.

Aber wegen

$$u_x = \frac{-2x}{(x^2+(y-1)^2)^{3/2}} \quad \text{und } v_y = 0$$

$$u_y = \frac{2(y-1)}{(x^2+(y-1)^2)^{3/2}} \quad \text{und } v_x = 0$$

ist die Dgl. $u_x = v_y$ nur für $x = 0$ und die Dgl. $u_y = -v_x$ nur für $y = 1$ erfüllt. Beide könnten zugleich also nur im Punkt $(x,y) = (0,1)$ er= füllt sein, doch dafür sind die Funktionen nicht definiert.

Beispiel 13.3: Für welche $n \in \mathbb{Z}$ ist die Funktion $u(x,y) = 2x^n - 2xy$ Realteil einer holomorphen Funktion?

Lösung: Es sind diejenigen $n \in \mathbb{Z}$ zu bestimmen, für welche die Potentialgleichung $u_{xx} + u_{yy} = 0$ erfüllt ist.

$u_x = 2nx^{n-1} - 2y \qquad u_{xx} = 2n(n-1)x^{n-2}$

$u_y = -2x \qquad u_{yy} = 0$

$u_{xx} + u_{yy} = 2n(n-1)x^{n-2} = 0$ ist erfüllt, wenn $n = 0$ oder $n = 1$ ist, d.h. $u(x,y) = 2 - 2xy$ ist Realteil einer analytischen Funktion und $u(x,y) = 2x - 2xy$ ist Real= teil einer analytischen Funktion. Für alle anderen $n \in \mathbb{Z}$ ist dies nicht der Fall.

Beispiel 13.4: Gegeben ist die Funktion $u(x,y) = x(y-1)$. Man bestimme eine Funktion $v(x,y)$ so, daß $f(z) = u + iv$ eine analytische Funktion ist. Ferner gebe man $f(z)$ explizit als Funktion von z an.

Lösung: Da $u_{xx} + u_{yy} = 0$ erfüllt ist, ist $u = x(y-1)$ Realteil einer holomorphen Funktion. Den zugehörigen Imagi= närteil $v(x,y)$ bestimmt man aus den Cauchy-Riemann= schen Dgln:

$v_y = u_x = y - 1 \Rightarrow v(x,y) = \int (y-1)dy = \frac{1}{2}y^2 - y + g_1(x)$

$v_x = -u_y = -x \Rightarrow v(x,y) = \int (-x)dx = -\frac{1}{2}x^2 + g_2(y)$

Vergleich liefert $v(x,y) = -\frac{1}{2}x^2 + \frac{1}{2}y^2 - y + C$

Also ist $f(z) = f(x + iy) = x(y-1) + i(\frac{1}{2}(y^2 - x^2) - y + C)$.

Um $f(z)$ explizit als Funktion von z darzustellen, ist

$x = \frac{z + \bar{z}}{2}$ und $y = \frac{z - \bar{z}}{2i}$ zu setzen:

$$f(z) = \frac{z + \bar{z}}{2} \cdot \frac{z - \bar{z}}{2i} - \frac{z + \bar{z}}{2} + i\left(\frac{1}{2}\left(\left(\frac{z - \bar{z}}{2i}\right)^2 - \left(\frac{z + \bar{z}}{2}\right)^2\right) - \frac{z - \bar{z}}{2i} +$$

$$f(z) = iC - z - \frac{i}{2} z^2$$

Bemerkung: Die elementaren Funktionen wie z^n, e^z, $\cos z$, $\sin z$ sind auf ganz $\mathbb{C}$ analytisch; die Funktion $(z - z_0)^{-n}$, $n \in \mathbb{N}$ ist in $\mathbb{C} \setminus \{z_0\}$ definiert und dort analytisch. Die Differentiationsregeln sind formal wie im Reellen.

Aufgaben: 13.1 - 13.4

14. Laurentreihen

Eine Laurentreihenentwicklung einer Funktion f(z) um eine Entwicklungsstelle z_0 hat die Form

$$f(z) = \sum_{n=-\infty}^{n=+\infty} c_n(z-z_0)^n =$$

$$= \ldots + c_{-2}(z-z_0)^{-2} + c_{-1}(z-z_0)^{-1} + c_0 + c_1(z-z_0) + c_2(z-z_0)^2 + \ldots$$

Ist die Funktion f(z) in z_0 und in einer unmittelbaren Umgebung von z_0 definiert und analytisch, dann gibt es eine Potenzreihen=entwicklung

$$f(z) = c_0 + c_1(z-z_0) + c_2(z-z_0)^2 + \ldots$$

in einem Kreis um z_0 mit Radius ϱ : $|z-z_0| < \varrho$.
Dies ist eine spezielle Laurentreihe, bei der alle Koeffizienten mit negativen Indizes verschwinden: $\ldots c_{-2} = c_{-1} = 0$.
Ist f(z) zwar in der unmittelbaren Umgebung von z_0, aber nicht in z_0 definiert und analytisch, so ist z_0 eine isolierte Sin=gularität von f(z) und es gibt eine Laurententwicklung von f(z) in einem Kreisring um z_0: $0 < |z-z_0| < \varrho$.
Der Koeffizient c_{-1} wird Residuum von f(z) an der Stelle z_0 genannt.
Bricht diese Laurentreihe nach links ab, d.h. ist
$\ldots c_{-m-3} = c_{-m-2} = c_{-m-1} = 0$ und $c_{-m} \neq 0$,
so heißt die Singularität z_0 ein Pol m-ter Ordnung. Andernfalls heißt z_0 eine wesentliche Singularität.
Um den unmittelbar um die Singularität z_0 liegenden Kreisring schließen sich weitere Kreisringe um z_0 an, die von Singularität zu Singularität reichen.
In jedem dieser Kreisringe ist f(z) analytisch, auf den Rändern dieser Kreis=ringe liegen die Singularitäten von f(z).
In den verschiedenen Kreisringen besitzt f(z) jeweils andere Laurentreihenent=wicklungen.

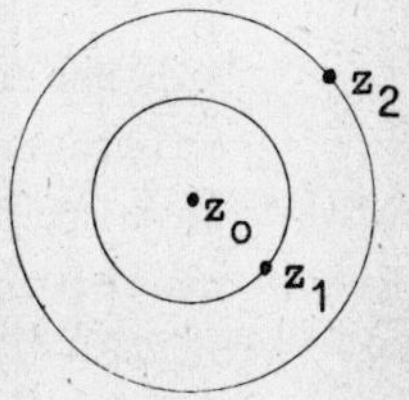

14.1 Laurententwicklung bei rationalen Funktionen

Rationale Funktionen sind von der Form

$$f(z) = \frac{a_0 + a_1 z + \ldots + a_m z^m}{b_0 + b_1 z + \ldots + b_n z^n}$$

Die Singularitäten von f(z) sind Pole, dies sind die Nullstellen des Nenners, (nach Abdividieren der gemeinsamen Nullstellen von Zähler und Nenner). Die Vielfachheit einer Nullstelle ist die Ordnung des zugehörigen Poles. Die Funktion f(z) ist analytisch bis auf ihre Pole.
Zu einer rationalen Funktion f(z) kann man jede gewünschte Laurententwicklung bestimmen. Dazu formt man f(z) geeignet um und verwendet die geometrische Reihe

$$\sum_{n=0}^{\infty} t^n = \frac{1}{1-t} \quad \text{für } |t|<1$$

oder

$$\sum_{n=0}^{\infty} \frac{1}{t^n} = \frac{1}{1-\frac{1}{t}} \quad \text{für } |t|>1$$

Beispiel 14.1.1: Man gebe die Laurentreihenentwicklungen der Funktion $f(z) = \frac{1}{1-z}$ um die Entwicklungsstelle $z_0 = i$ an.

Lösung:

Pole von f(z): $z_1 = 1$ Pol erster Ordnung.
Die Entwicklungsstelle $z_0 = i$ ist kein Pol von f(z), f(z) ist somit auch in $z_0 = i$ analytisch. Es gibt eine Potenz=reihenentwicklung um $z_0 = i$, der Kon=vergenzkreis reicht bis zur nächst=gelegenen Singularität $z_1 = 1$ von f(z).

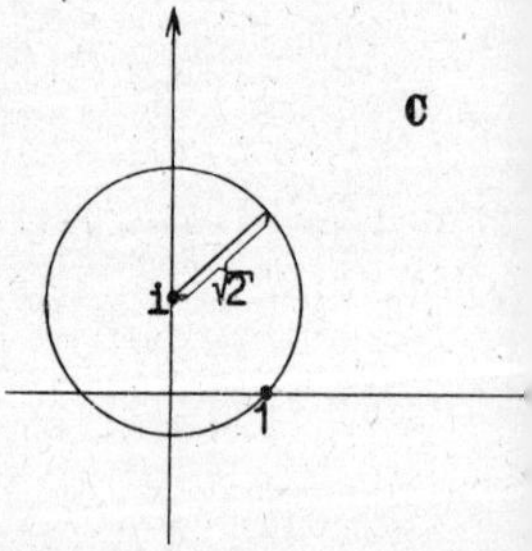

Es ist also der Kreis mit Mittelpunkt i und Radius $|1-i| = \sqrt{2}$. Außerhalb dieses Kreises liegen keine weitere Singularitäten, in diesem Kreisring $\sqrt{2} < |z-i| < \infty$ gibt es eine echte Laurent=entwicklung. f(z) ist in Potenzen von $(z-i)$ und $\frac{1}{(z-i)}$ zu entwickeln, deshalb ist f(z) so umzuformen, daß nur Terme in $(z-i)$ vorkommen:

$$f(z) = \frac{1}{1-z} = \frac{1}{1-i-(z-i)}$$

Um die geometrische Reihe verwenden zu können, ist eine Gestalt $\frac{1}{1-t}$ für $|t|<1$ bzw. $\frac{1}{1-\frac{1}{t}}$ für $|t|>1$ zu erzielen:

$$f(z) = \frac{1}{1-i-(z-i)} = \frac{1}{1-i} \cdot \frac{1}{1-\frac{z-i}{1-i}} \quad \text{für } |t| = \left|\frac{z-i}{1-i}\right| < 1 \text{ bzw.}$$

$$f(z) = \frac{1}{1-i-(z-i)} = -\frac{1}{z-i} \cdot \frac{1}{1-\frac{1-i}{z-i}} \quad \text{für } |t| = \left|\frac{z-i}{1-i}\right| > 1$$

Daraus erhält man die Entwicklungen:

$$f(z) = \frac{1}{1-z} = \frac{1}{1-i} \cdot \frac{1}{1-\frac{z-i}{1-i}} = \frac{1}{1-i} \sum_{n=0}^{\infty} \left(\frac{z-i}{1-i}\right)^n =$$

$$= \sum_{n=0}^{\infty} \left(\frac{1+i}{2}\right)^{n+1} (z-i)^n \quad \text{für } \left|\frac{z-i}{1-i}\right| < 1 \quad \text{d.h. für } |z-i| < \sqrt{2}.$$

$$f(z) = \frac{1}{1-z} = -\frac{1}{z-i} \frac{1}{1-\frac{1-i}{z-i}} = -\frac{1}{z-i} \sum_{n=0}^{\infty} \left(\frac{1-i}{z-i}\right)^n =$$

$$= -\sum_{n=0}^{\infty} (1-i)^n \frac{1}{(z-i)^{n+1}} \quad \text{für } \left|\frac{z-i}{1-i}\right| > 1 \quad \text{d.h. für } \sqrt{2} < |z-i| < \infty .$$

Beispiel 14.1.2: Man bestimme die Laurentreihenentwicklung der Funktion $f(z) = \frac{z}{(z+1)^2(z+2)}$ um die Entwicklungsstelle $z_0 = -1$, und gebe das Residuum von f(z) an der Stelle $z_0 = -1$ an .

Lösung:

Pole von f(z): $z_1 = -1$ Pol zweiter Ordnung,
$z_2 = -2$ Pol erster Ordnung.

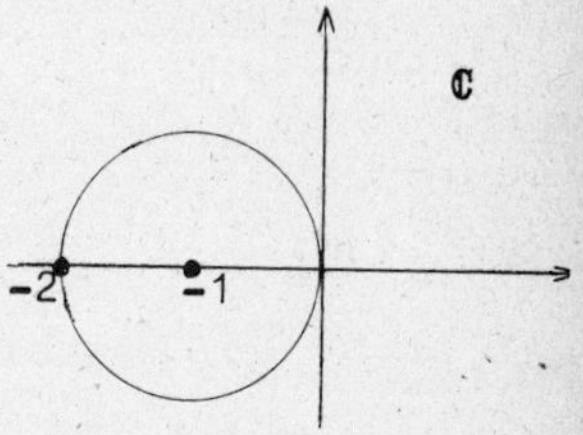

Die Entwicklungsstelle $z_0 = -1$ ist also eine Singularität von f(z). Deshalb gibt es keine Potenzreihenentwicklung um $z_0 = -1$, sondern nur echte Laurentreihenentwicklungen um $z_0 = -1$, in denen auch Summanden mit Potenzen von $\frac{1}{z+1}$ auftreten.
Der innerste Kreisring reicht von $z_0 = -1$ bis zur nächstgelegenden Singularität $z_2 = -2$; dies ist der Kreisring $0 < |z+1| < 1$.
Außerhalb des Kreises liegen keine weiteren Singularitäten, in diesem Kreisring $1 < |z+1| < \infty$ gibt es eine weitere Laurentreihenentwicklung von f(z). Um f(z) in Potenzen von (z+1) und $\frac{1}{z+1}$ zu entwickeln, muß man f(z) so umformen, daß nur Terme in (z+1) vorkommen:

$$f(z) = \frac{z}{(z+1)^2(z+2)} = \frac{1}{(z+1)^2} \cdot \frac{(z+1)+1-2}{(z+1)+1} = \frac{1}{(z+1)^2}\left(1 - \frac{2}{(z+1)+1}\right)$$

Der erste Faktor $\frac{1}{(z+1)^2}$ ist definiert für $z \neq -1$, d.h. für $|z+1| > 0$.

Für den Klammerausdruck zieht man die geometrische Reihe heran:

$$1 - \frac{2}{1-(-(z+1))} = 1 - 2\sum_{n=0}^{\infty}(-1)^n(z+1)^n \quad \text{für } |t|=|-(z+1)|<1$$

bzw.

$$1 - \frac{2}{(z+1)}\cdot\frac{1}{1-(-\frac{1}{(z+1)})} = 1 - \frac{2}{z+1}\sum_{n=0}^{\infty}(-1)^n\frac{1}{(z+1)^n} \quad \text{für } |t|=|-(z+1)|>$$

Damit erhält man für f(z) die beiden Laurententwicklungen

$$f(z) = \frac{1}{(z+1)^2} - 2\sum_{n=0}^{\infty}(-1)^n(z+1)^{n-2} = -\frac{1}{(z+1)^2} + \frac{2}{z+1} - 2 + 2(z+1) - 2(z+1$$

gültig im Kreisring $0<|z+1|<1$;

bzw.

$$f(z) = \frac{1}{(z+1)^2} - 2\sum_{n=0}^{\infty}(-1)^n\frac{1}{(z+1)^{n+3}} = \ldots - + \frac{2}{(z+1)^4} - \frac{2}{(z+1)^3} + \frac{1}{(z+1)^2}$$

gültig im Kreisring $1<|z+1|<\infty$.

Das Residuum von f(z) an der Stelle $z_0 = -1$ ist gleich dem Koeffizienten c_{-1} der Laurententwicklung von f(z) im innersten Kreisring:

$$c_{-1} = \operatorname*{Res}_{z_0=-1} f(z) = +2 .$$

Beispiel 14.1.3: Man bestimme die Laurentreihenentwicklungen der Funktion $f(z) = \frac{z^2-2z+5}{(z-2)(z^2+1)}$ um die Entwicklungsstelle $z_0 = 0$.

Lösung: Pole von f(z): $z_1 = 2$, $z_2 = i$, $z_3 = -i$

Die Entwicklungsstelle $z_0 = 0$ ist kein Pol.

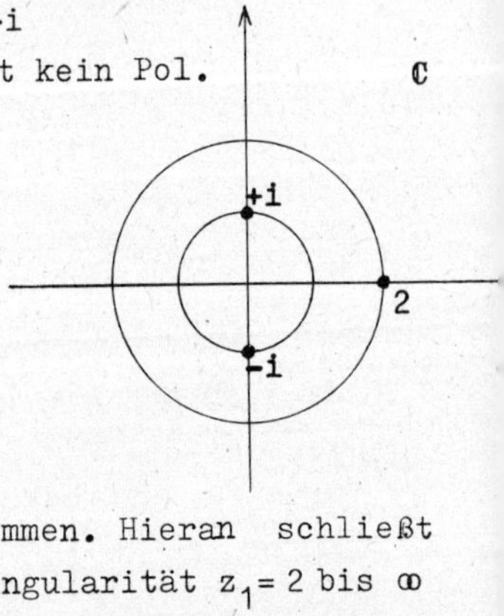

Um $z_0 = 0$ gibt es eine Potenzreihenentwicklung; der Konvergenzkreis reicht bis zur nächstgelegenen Singularität, d.i. $z_2 = +i$ und $z_3 = -i$, der Konvergenzkreis ist also $|z|<1$. Es schließt sich der Kreisring an, der von den Singularitäten $z_2 = +i$ und $z_3 = -i$ bis $z_1 = 2$ reicht: $1<|z|<2$. Hierin ist eine Laurentreihe zu bestimmen. Hieran schließt sich der Kreisring an, der von der Singularität $z_1 = 2$ bis ∞ reicht: $2<|z|<\infty$. Hierin ist noch eine weitere Laurentreihe zu bestimmen.

Die Funktion f(z) ist in Potenzen von z und $\frac{1}{z}$ zu entwickeln.

Es wäre möglich, die Faktoren $\frac{1}{z-2}$ und $\frac{1}{(z+1)^2}$ von f(z) einzeln in entsprechende Laurentreihen zu entwickeln, ihr Cauchyprodukt zu bilden und so die Laurentreihen für f(z) zu bekommen. Bequemer ist es aber zunächst eine Partialbruchzerlegung (siehe Kapitel 6) durchzuführen:

Ansatz: $\frac{z^2-2z+5}{(z-2)(z^2+1)} = \frac{A}{z-2} + \frac{Bz+C}{z^2+1}$

Ausmultiplizieren: $z^2-2z+5 = (A+B)z^2 + (-2B+C)z + A-2C$

Koeffizientenvergleich: $\left.\begin{array}{rcl} A + B & = & 1 \\ -2B + C & = & -2 \\ A \quad -2C & = & 5 \end{array}\right\} A = 1,\ B = 0,\ C = -2$

damit ist $f(z) = \frac{1}{z-2} - \frac{2}{z^2+1}$

Für die beiden Summanden von f(z) erhält man mit der geometrischen Reihe:

$$\frac{1}{z-2} = -\frac{1}{2}\cdot\frac{1}{1-\frac{z}{2}} = -\frac{1}{2}\sum_{n=0}^{\infty}\left(\frac{1}{2}\right)^n z^n \quad \text{für } |t| = \left|\frac{z}{2}\right| < 1 \text{ d.h. für } |z| < 2$$

bzw.

$$\frac{1}{z-2} = \frac{1}{z}\cdot\frac{1}{1-\frac{2}{z}} = \frac{1}{z}\sum_{n=0}^{\infty} 2^n \left(\frac{1}{z}\right)^n \quad \text{für } |t| = \left|\frac{z}{2}\right| > 1 \text{ d.h. für } |z| > 2$$

und

$$\frac{1}{z^2+1} = \frac{1}{1-(-z^2)} = \sum_{n=0}^{\infty}(-1)^n z^{2n} \quad \text{für } |t| = |-z^2| < 1 \text{ d.h. für } |z| < 1$$

bzw.

$$\frac{1}{z^2+1} = \frac{1}{z^2}\cdot\frac{1}{1-\left(-\frac{1}{z^2}\right)} = \frac{1}{z^2}\sum_{n=0}^{\infty}(-1)^n\left(\frac{1}{z^2}\right)^n \quad \text{für } |t| = |-z^2| > 1 \text{ d.h. für } |z| > 1$$

Damit erhält man für $f(z) = \frac{z^2-2z+5}{(z-2)(z^2+1)} = \frac{1}{z-2} - \frac{2}{z^2+1}$

die drei verschiedenen Laurententwicklungen:

im Kreis $|z| < 1$: $f(z) = -\frac{1}{2}\sum_{n=0}^{\infty}\left(\frac{1}{2}\right)^n z^n - 2\sum_{n=0}^{\infty}(-1)^n z^{2n} =$

$$= -\frac{5}{2} - \frac{1}{4}z + \frac{15}{8}z^2 - \frac{1}{16}z^3 + - \ldots$$

im Kreisring $1 < |z| < 2$: $f(z) = -\frac{1}{2}\sum_{n=0}^{\infty}\left(\frac{1}{2}\right)^n z^n - 2\sum_{n=0}^{\infty}(-1)^n \frac{1}{z^{2n+2}} =$

$$= \ldots - 2\frac{1}{z^6} + 2\frac{1}{z^4} - 2\frac{1}{z^2} - \frac{1}{2} - \frac{1}{4}z - \frac{1}{8}z^2 - \frac{1}{16}z^3 - \ldots$$

im Kreisring $2 < |z| < \infty$: $f(z) = \sum_{n=0}^{\infty} 2^n \frac{1}{z^{n+1}} - 2\sum_{n=0}^{\infty}(-1)^n \frac{1}{z^{2n+2}} =$

$$= \ldots + 10\frac{1}{z^4} + 4\frac{1}{z^3} + 0\frac{1}{z^2} + \frac{1}{z}$$

14.2 Laurententwicklung durch bekannte Reihen

Beispiel 14.2.1: Man entwickle die Funktion $f(z)=\frac{\sin z}{(z-\frac{\pi}{4})^5}$ um den Punkt $z_0=\frac{\pi}{4}$ in ihre Laurentreihe und berechne das Residuum an der Stelle $z=\frac{\pi}{4}$.

Lösung: Die Funktion f(z) ist in Potenzen von

$$(z-\tfrac{\pi}{4}) \text{ und } \frac{1}{z-\frac{\pi}{4}} \text{ zu entwickeln;}$$

deshalb ist f(z) so umzuformen, daß nur Terme in $z-\frac{\pi}{4}$ vorkommen:

$$f(z)=\frac{\sin z}{(z-\frac{\pi}{4})^5}=\frac{1}{(z-\frac{\pi}{4})^5}\sin((z-\tfrac{\pi}{4})+\tfrac{\pi}{4})=$$

$$=\frac{1}{(z-\frac{\pi}{4})^5}(\sin(z-\tfrac{\pi}{4})\cos\tfrac{\pi}{4}+\cos(z-\tfrac{\pi}{4})\sin\tfrac{\pi}{4})=$$

$$=\frac{1}{2}\sqrt{2}\cdot\frac{1}{(z-\frac{\pi}{4})^5}(\sin(z-\tfrac{\pi}{4})+\cos(z-\tfrac{\pi}{4}))$$

Der erste Faktor $\frac{1}{(z-\frac{\pi}{4})^5}$ ist für $z\neq\frac{\pi}{4}$, d.h. $|z-\frac{\pi}{4}|>0$ definiert.

Die bekannten Reihenentwicklungen für $\sin z$ und $\cos z$ gelten für alle z. Man erhält:

$$f(z)=\frac{\sqrt{2}}{2}\frac{1}{(z-\frac{\pi}{4})^5}\left(\sum_{n=0}^{\infty}\frac{(-1)^n}{(2n+1)!}(z-\tfrac{\pi}{4})^{2n+1}+\sum_{n=0}^{\infty}\frac{(-1)^n}{(2n)!}(z-\tfrac{\pi}{4})^{2n}\right)=$$

$$=\frac{\sqrt{2}}{2}\Big(\frac{1}{(z-\frac{\pi}{4})^5}+\frac{1}{(z-\frac{\pi}{4})^4}-\frac{1}{2!}\frac{1}{(z-\frac{\pi}{4})^3}-\frac{1}{3!}\frac{1}{(z-\frac{\pi}{4})^2}+\frac{1}{4!}\frac{1}{(z-\frac{\pi}{4})}+$$

$$+\frac{1}{5!}-\frac{1}{6!}(z-\tfrac{\pi}{4})-\frac{1}{7!}(z-\tfrac{\pi}{4})^2++--\ldots\Big),$$

für $|z-\frac{\pi}{4}|>0$.

Der Punkt $z_0=\frac{\pi}{4}$ ist ein Pol fünfter Ordnung. Das Residuum von f(z) an der Stelle $z_0=\frac{\pi}{4}$ lautet $\operatorname{Res}_{z=\frac{\pi}{4}} f(z)=\frac{1}{4!}=\frac{1}{24}$.

Beispiel 14.2.2: Man entwickle die Funktion $f(z)=(2-z)\sin\frac{1}{z-1}$ an der Stelle $z_0=1$ in eine Laurentreihe. Welches ist ihr Konvergenzgebiet? Man bestimme das Residuum und die Art der Singularität an der Stelle $z_0=1$.

Lösung:

Die Funktion f(z) ist nach Potenzen von (z - 1) und $\frac{1}{z-1}$ zu entwicklen; deshalb ist f(z) so umzuformen, daß nur Terme in z - 1 vorkommen:

$$f(z) = (2-z)\sin\frac{1}{z-1} = (1-(z-1))\sin\frac{1}{z-1}\ .$$

Der erste Faktor ist für alle z definiert. Der zweite Faktor kann für $z \neq 1$, d.h. für $0<|z-1|<\infty$ mit der bekannten Sinus=reihe entwickelt werden:

$$f(z) = (1-(z-1))\sum_{n=0}^{\infty}\frac{(-1)^n}{(2n+1)!}\left(\frac{1}{z-1}\right)^{2n+1} =$$

$$= \sum_{n=0}^{\infty}\frac{(-1)^n}{(2n+1)!}\left(\frac{1}{z-1}\right)^{2n+1} - \sum_{n=0}^{\infty}\frac{(-1)^n}{(2n+1)!}\left(\frac{1}{z-1}\right)^{2n} =$$

$$= \ldots + \frac{1}{7!}\cdot\frac{1}{(z-1)^6} + \frac{1}{5!}\cdot\frac{1}{(z-1)^5} - \frac{1}{5!}\cdot\frac{1}{(z-1)^4} - \frac{1}{3!}\frac{1}{(z-1)^3} +$$

$$+ \frac{1}{3!}\frac{1}{(z-1)^2} + \frac{1}{z-1} - 1$$

für $0<|z-1|<\infty$.

$\operatorname{Res}_{z=1} f(z) = 1$; bei z = 1 liegt eine wesentliche Singularität vor, denn die Laurentreihe bricht nach links nicht ab.

Aufgaben: 14.1 - 14.4

15. Komplexe Integrale

15.1 Komplexe Integrale über geschlossene Wege

Satz 15.1 (Residuensatz): Für eine geschlossene Kurve C in der komplexen Ebene gilt

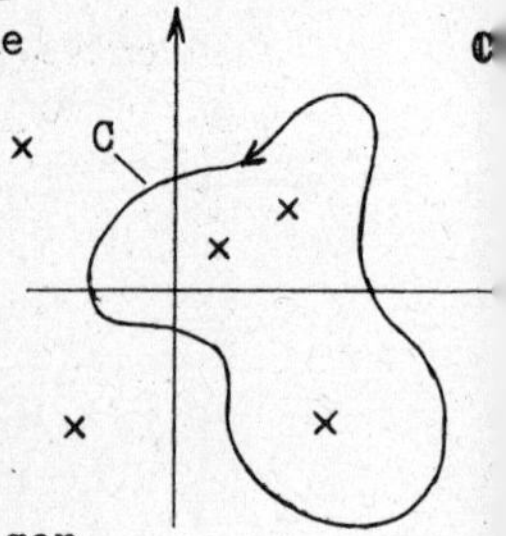

$$\int_C f(z)dz = 2\pi i \sum \operatorname*{Res}_{z=z_\nu} f(z)$$

↑ summiert wird über alle Singularitäten z_ν von $f(z)$, die innerhalb des von C umschlossenen Gebietes liegen.

(Gültig ist dieser Satz für Funktionen, die bis auf isolierte Singularitäten analytisch sind.)

Bei geschlossenen Kurven C schreibt man auch oft $\oint_C$ für $\int_C$.

Berechnung der Residuen:

a) Falls z_ν Pol 1.Ordnung: $\operatorname*{Res}_{z=z_\nu} f(z) = \lim_{z\to z_\nu} (z-z_\nu)f(z)$

b) Falls z_ν Pol 2.Ordnung: $\operatorname*{Res}_{z=z_\nu} f(z) = \lim_{z\to z_\nu} \frac{d}{dz}((z-z_\nu)^2 f(z))$

c) Falls z_ν Pol k.Ordnung: $\operatorname*{Res}_{z=z_\nu} f(z) = \frac{1}{(k-1)!}\lim_{z\to z_\nu} (\frac{d}{dz})^{k-1}((z-z_\nu)^k f(z))$

d) Falls die Laurentwicklung von $f(z)$ um die Singularität $z = z_\nu$ im innersten Kreisring bekannt ist: $\operatorname*{Res}_{z=z_\nu} f(z) = c_{-1}$.

(c_{-1} ist der Koeffizient bei $\frac{1}{z-z_\nu}$. Auf diese Weise muß man das Residuum bestimmen, wenn z_ν kein Pol sondern eine wesentliche Singularität ist.)

Beispiel 15.1.1: Man berechne $\int_C \frac{\cos\pi z}{(z-2)(z-1)^2} dz$ für den geschlossenen Weg α) $C : |z-1-i| = \frac{\pi}{2}$

β) $C : \quad |z| = \frac{3}{2}$

Lösung: Die Singularitäten von $f(z)$ sind hier die Pole

$z_1 = 2$ Pol 1.Ordnung

$z_2 = 1$ Pol 2.Ordnung

(Der Zähler $\cos\pi z$ hat dort keine Nullstelle.)

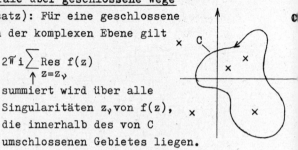

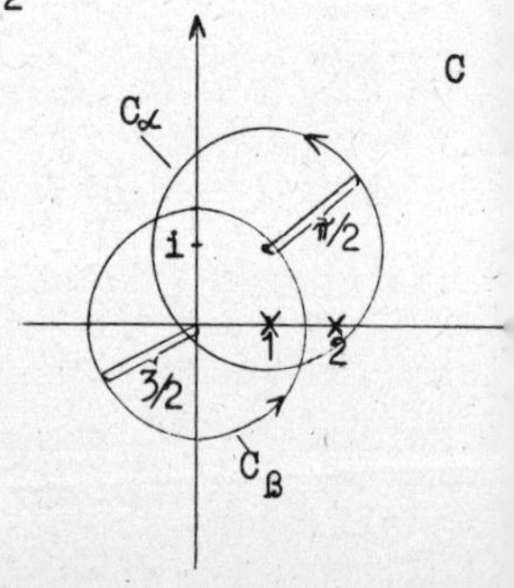

Residuen:

$$\operatorname*{Res}_{z=2} f(z) = \lim_{z\to 2}\left((z-2)\frac{\cos\pi z}{(z-2)(z-1)^2}\right) = \frac{\cos 2\pi}{(2-1)^2} = 1$$

$$\operatorname*{Res}_{z=1} f(z) = \lim_{z\to 1}\frac{d}{dz}\left((z-1)^2\frac{\cos\pi z}{(z-2)(z-1)^2}\right) = \lim_{z\to 1}\frac{d}{dz}\frac{\cos\pi z}{z-2} =$$

$$= \lim_{z\to 1}\frac{-(z-2)\pi\sin\pi z - \cos\pi z}{(z-2)^2} = -\cos\pi = 1$$

α) Beide Pole liegen innerhalb der Kurve C: $|z-1-i| = \frac{\pi}{2}$; damit

$$\int_C \frac{\cos\pi z}{(z-2)(z-1)^2}\,dz = 2\pi i \sum \operatorname*{Res}_{z=z_\nu} f(z) = 2\pi i(1+1) = 4\pi i$$

↑ über die Pole im Kreis $|z-1-i| = \frac{\pi}{2}$

β) Nur der Pol $z_2 = 1$ liegt innerhalb des Kreises C: $|z| = \frac{3}{2}$; damit

$$\int_C \frac{\cos\pi z}{(z-2)(z-1)^2}\,dz = 2\pi i \sum \operatorname*{Res}_{z=z_\nu} f(z) = 2\pi i$$

↑ über die Pole im Kreis $|z| = \frac{3}{2}$

Beispiel 15.1.2: Man berechne $\int_C \frac{\sin 2z}{z^4}\,dz$ für den geschlossenen Weg C: $|z| = 1$.

Lösung:

$z_0 = 0$ ist die Nullstelle des Nenners und gleichzeitig des Zählers. Mit der bekannten Sinusreihe erhält man die Laurententwicklung um $z_0 = 0$:

$$\frac{\sin 2z}{z^4} = \frac{1}{z^4}\left(2z - \frac{(2z)^3}{3!} + \frac{(2z)^5}{5!} - + \ldots\right) =$$

$$= 2\cdot\frac{1}{z^3} - \frac{4}{3}\cdot\frac{1}{z} + \frac{4}{15}z - + \ldots$$

für $0 < |z| < \infty$

Das Residuum von f(z) an der Stelle $z = z_0 = 0$ ist gleich dem Koeffizienten bei $\frac{1}{z}$:

$$\operatorname*{Res}_{z=0} f(z) = -\frac{4}{3}.$$

Die Singularität $z_0 = 0$ liegt innerhalb des Kreises $|z| = 1$, damit

$$\int_C \frac{\sin 2z}{z^4}\,dz = 2\pi i\left(-\frac{4}{3}\right) = -\frac{8}{3}\pi i.$$

Bemerkung: Folgende Spezialfälle des Residuensatzes werden oft gesondert aufgeschrieben.

Liegen innerhalb der Kurve C keine Singularitäten von f(z), dann ist

$$\int_C f(z)dz = 0 \text{ (Cauchy'scher Integralsatz).}$$

Hat f(z) innerhalb der Kurve C keine Singularitäten, und liegt z_0 innerhalb der Kurve C, dann hat die Funktion $g(z) = \frac{f(z)}{(z-z_0)^m}$ in z_0 einen Pol m-ter Ordnung innerhalb C. Dafür ist

$$\int_C \frac{f(z)}{(z-z_0)^m}\,dz = \frac{2\pi i}{(m-1)!}\left(\frac{d}{dz}\right)^{m-1} f(z)\Big|_{z=z_0} \quad \text{(Cauchy'sche Integralformel)}$$

15.2 Komplexe Integrale über Kurvenstücke

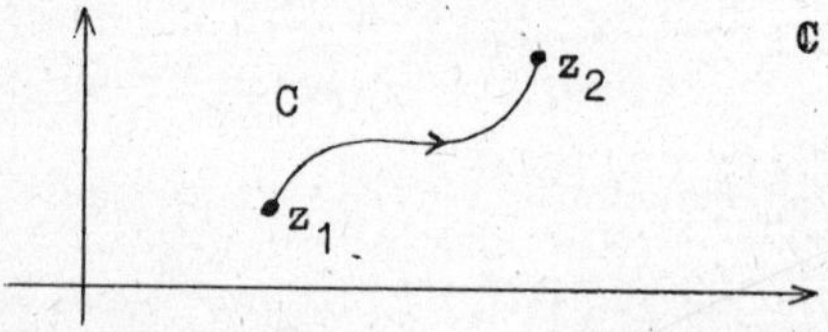

a) Falls f(z) analytisch ist (dort wo die Kurve C verläuft):

$$\int_C f(z)dz = F(z_2) - F(z_1),$$

dabei ist F(z) eine Stammfunktion von f(z), d.h. $F'(z) = f(z)$; die Integration von f(z) erfolgt formal wie im Reellen. Der Wert des Integrals hängt nur vom Anfangspunkt z_1 und vom Endpunkt z_2 der Kurve ab (Wegunabhängigkeit).

Beispiel 15.2.1: Man berechne $\int_C e^{\pi z}\,dz$, dabei ist die Kurve C das Geradenstück, das vom Punkt $z_1 = -1+i$ zum Punkt $z_2 = 3i$ verläuft.

Lösung:

$f(z) = e^{\pi z}$ ist in der ganzen komplexen Ebene analytisch.

Eine Stammfunktion F(z) erhält man formal wie im Reellen:

$$F(z) = \frac{1}{\pi} e^{\pi z}$$

Damit ergibt sich :

$$\int_C e^{\pi z}\,dz = \left[\frac{1}{\pi}e^{\pi z}\right]_{z=z_1}^{z=z_2} = \frac{1}{\pi}e^{\pi 3i} - \frac{1}{\pi}e^{\pi(-1+i)} =$$

$$= \frac{1}{\pi}\left(e^{\pi i + 2\pi i} - e^{-\pi}e^{i\pi}\right) = \frac{1}{\pi}\left(-1 + e^{-\pi}\right).$$

(Da $e^{\pi z}$ überall analytisch ist, so ist der berechnete Wert des Integrals gültig für jeden beliebigen Weg von z_1 nach z_2.)

b) Falls f(z) nicht analytisch ist:
Dann benötigt man eine Parameterdarstellung der Kurve C: $z = z(t)$
mit $t_1 \leq t \leq t_2$

$$\int_C f(z)dz = \int_{t=t_1}^{t=t_2} f(z)\dot{z}(t)\,dt$$

Beispiel 15.2.2: Man berechne $\int_C |z|^2 dz$. Dabei ist C

α) das Geradenstück, das vom Punkt $z_1 = 1$ zum Punkt $z_2 = i$ verläuft, oder

ß) der Kreisbogen, der vom Punkt $z_1 = 1$ zum Punkt $z_2 = i$ verläuft.

Lösung:

$|z|^2$ ist nicht analytisch (Cauchy-Riemann'sche Dgln. sind nicht erfüllt). Man benötigt also eine Parameterdarstellung der Kurve C. (Das Integral ist nicht wegunabhängig!)

α) C: $z = z_1 + t(z_2 - z_1) = 1 + t(i-1)$
mit $0 \leq t \leq 1$
also $\dot{z}(t) = i - 1$
$f(z(t)) = |z(t)|^2 = |1 - t + it|^2 = (1-t)^2 + t^2 = 1 - 2t + 2t^2$

$$\int_C |z|^2\,dz = \int_{t=0}^{t=1} f(z(t))\,\dot{z}(t)\,dt = \int_{t=0}^{t=1} (1 - 2t + 2t^2)(i-1)\,dt =$$

$$= (i-1)\cdot\left[t - t^2 + \tfrac{2}{3}t^3\right]_{t=0}^{t=1} =$$

$$= (i-1)\tfrac{2}{3} = -\tfrac{2}{3} + i\tfrac{2}{3}$$

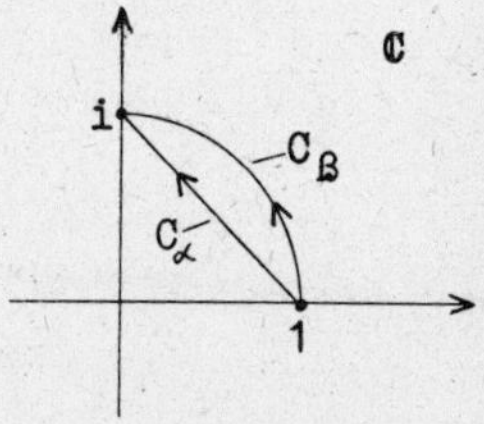

ß) C: $z = 1\cdot e^{i\varphi}$
mit $0 \leq \varphi \leq \frac{\pi}{2}$
also $\dot{z} = i\,e^{i\varphi}$, $f(z(\varphi)) = |z(\varphi)|^2 = 1$

$$\int_C |z|^2\,dz = \int_{\varphi=0}^{\varphi=\frac{\pi}{2}} f(z(\varphi))\,\dot{z}(\varphi)d\varphi = \int_{\varphi=0}^{\varphi=\frac{\pi}{2}} 1\cdot i\cdot e^{i\varphi}d\varphi = \left[e^{i\varphi}\right]_{\varphi=0}^{\varphi=\frac{\pi}{2}} = i - 1$$

15.3 Berechnung reeller Integrale mit Hilfe komplexer Integrale

Den Residuensatz kann man auch zur Berechnung mancher reeller Integrale heranziehen. Dazu ist das reelle Integral durch ein komplexes Integral auszudrücken. Dabei sind zwei Fälle zu unterscheiden. Beide werden an Hand der folgenden Beispiele exemplarisch behandelt.
(Der erste Fall (Bsp. 15.3.1 , 15.3.2 und 15.3.3) ist der wichtige

Beispiel 15.3.1: Man berechne das uneigentliche Integral

$$\int_{-\infty}^{+\infty} \frac{1}{1+x^2}\,dx$$ mit Hilfe eines geeigneten komplexen Wegintegrals.

Lösung:

1.Schritt: Reelles Integral durch komplexes Integral ausdrücken

Der reelle Integrand $\frac{1}{1+x^2}$ ist identisch mit dem komplexen Integranden $\frac{1}{1+z^2}$ auf der reellen Achse

$C:\ z = x\ ,\quad -\infty < x < +\infty\ ,\quad y = 0$:

$$\int_{-\infty}^{+\infty} \frac{1}{1+x^2}\,dx = \int_C \frac{1}{1+z^2}\,dz$$

2.Schritt: Das uneigentliche Integral ist als Grenzwert eines eigentlichen Integrals zu schreiben:

$$\int_C \frac{1}{1+z^2}\,dz = \lim_{R\to\infty} \int_{C_R} \frac{1}{1+z^2}\,dz\ ,$$ wobei

C_R die Strecke von $-R$ bis $+R$ auf der reellen Achse

3.Schritt: Das Integral über C_R wird zu einem Integral über eine geschlossene Kurve ergänzt. Man wählt dabei meist den skizzierten Integrationsweg.

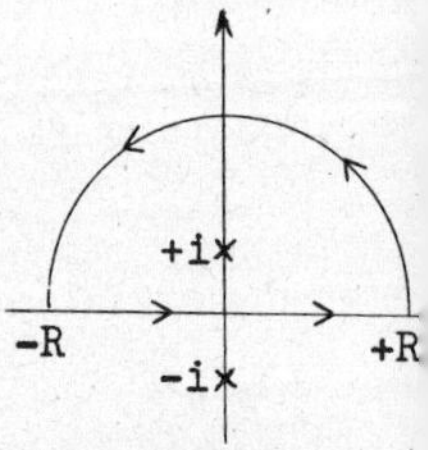

$$\oint_{\circlearrowleft} f(z)\,dz = \int_{C_R} f(z)\,dz + \int_{\frown} f(z)\,dz\ .$$

4.Schritt: Das entstehende Integral wird mit dem Residuensatz berechnet. Die Singularitäten von $\frac{1}{1+z^2}$ sind die Nullstellen des Nenners:

$z_1 = +i$, $z_2 = -i$ (Pole erster Ordnung).

Die Singularitäten, die in der oberen Halbebene lieg werden von dem Integrationsweg umschlossen ($R\to\infty$). Dies ist lediglich der Pol $z_1 = +i$.

Das zugehörige Residuum:

$$\operatorname*{Res}_{z=+i} f(z) = \lim_{z\to i}(z-i)\,\frac{1}{(z-i)(z+i)} = \frac{1}{2i}$$

Damit gilt: $\displaystyle\oint \frac{1}{1+z^2}\,dz = 2\pi i\,\frac{1}{2i} = \pi.$

5.Schritt: Das Integral $\int_{\frown} f(z)dz$ über den Halbkreis strebt für

$R\to\infty$ (meistens) gegen Null.

Dies prüft man durch Abschätzen nach:

$$\int_{\frown} f(z)dz = \int_{\varphi=0}^{\varphi=\pi} f(R\cdot e^{i\varphi})Rie^{i\varphi}d\varphi = \qquad \text{(Halbkreis: } z = Re^{i\varphi},\ 0\le\varphi\le\pi\text{)}$$

$$= \int_{\varphi=0}^{\varphi=\pi} \frac{1}{1+R^2e^{2i\varphi}}\,Rie^{i\varphi}d\varphi$$

$$\left|\int_{\frown} f(z)dz\right| \le \int_{\varphi=0}^{\varphi=\pi} \frac{1}{|1+R^2e^{2i\varphi}|}|Ri||e^{i\varphi}|d\varphi \le$$

$$\le \int_{\varphi=0}^{\varphi=\pi} \frac{R}{|1-R^2|}\,d\varphi\ , \qquad \text{da } \left|1+Re^{2i\varphi}\right| \ge \left|1-|R^2e^{2i\varphi}|\right|$$

$$\left|\int_{\frown} f(z)dz\right| \le \frac{\pi R}{R^2-1} \xrightarrow[R\to\infty]{} 0$$

6.Schritt: Zusammenfassung:

$$\int_{-\infty}^{+\infty} \frac{1}{1+x^2}\,dx = \lim_{R\to\infty} \int_{C_R} f(z)dz = \lim \oint f(z)dz - \lim \int_{\frown} f(z)dz =$$

$$= \pi - 0$$

<u>Bemerkung:</u> Die komplexe Funktion f(z) muß nicht unbedingt (wie im obigen Beispiel) mit dem reellen Inte=granden auf der x-Achse übereinstimmen, es reicht, wenn der Realteil Re (f(z)) (oder Imaginärteil Im (f(z)) mit ihm übereinstimmt).

<u>Beispiel 15.3.2 :</u> Durch Integration der komplexen Funktion

$$f(z) = \frac{e^{i\pi z}}{z^4+5z^2+4}$$ über einen geeigneten Weg

in der komplexen Zahlenebene berechne man

das uneigentliche Integral $\displaystyle\int_{-\infty}^{+\infty} \frac{\cos\pi x}{x^4+5x^2+4}\,dx$.

<u>Lösung:</u>

1.Schritt: Reelles Integral durch komplexes Integral ausdrücken:
Zu dem reellen Integrand (in x) ist eine komplexe Funktion (in z) zu suchen, die entweder selbst oder deren Realteil oder deren Imaginärteil mit der reellen Funktion auf der x-Achse übereinstimmt. (Hier ist f(z) bereits gegeben.)
Für den reellen Integranden gilt:

$$\frac{\cos\pi x}{x^4+5x^2+4} = \frac{\mathrm{Re}\, e^{i\pi x}}{x^4+5x^2+4} = \mathrm{Re}\,\frac{e^{i\pi x}}{x^4+5x^2+4}$$

Auf dem Integrationsweg, d.i. die reelle Achse $z=x$, $(y=0)$, gilt dann

$$\frac{\cos\pi x}{x^4+5x^2+4} = \mathrm{Re}\,\frac{e^{i\pi z}}{z^4+5z^2+4} \quad \text{also}$$

$$\int_{x=-\infty}^{x=+\infty} \frac{\cos\pi x}{x^4+5x^2+4}\,dx = \mathrm{Re}\int_C \frac{e^{i\pi z}}{z^4+5z^2+4}\,dz,$$ wobei der Integrationsweg C die reelle Achse $z=x$ von $-\infty$ bis $+\infty$

2.Schritt: Dieses uneigentliche Integral ist als Grenzwert eines eigentlichen Integrals zu schreiben:

$$\int_C \frac{e^{i\pi z}}{z^4+5z^2+4}\,dz = \lim_{R\to\infty}\int_{C_R} \frac{e^{i\pi z}}{z^4+5z^2+4}\,dz,$$ wobei C_R die Strecke von $-R$ bis $+R$ auf der reellen Achse ist.

3.Schritt: Das Integral über die Strecke C_R wird zu einem Integral über eine geschlossene Kurve ergänzt. Man wählt dabei meist den skizzierten Integrationsweg:

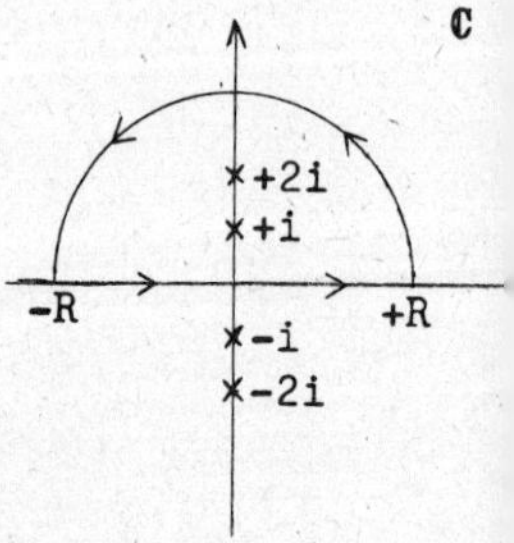

$$\oint_{\circlearrowleft} f(z)dz = \int_{C_R} f(z)dz + \int_{\frown} f(z)dz.$$

4.Schritt: Das entstehende Integral wird mit dem Residuensatz berechnet:
Die Singularitäten von f(z) sind die Nullstellen des Nenners:

$z^4+5z^2+4=0$ mit $z^2=w$; $w^2+5w+4=0$

$w_{1,2} = -\frac{5}{2} \pm \sqrt{\frac{9}{4}}$, $w_1=-1$, $w_2=-4$ $\Rightarrow$

$z_1=+i$, $z_2=-i$, $z_3=+2i$, $z_4=-2i$ (Pole 1.Ordnung).

Die Singularitäten, welche in der oberen Halbebene liegen, werden von dem Integrationsweg umschlossen ($R \to \infty$); diese sind $z_1 = +i$ und $z_3 = +2i$.

Die zugehörigen Residuen sind:

$$\operatorname*{Res}_{z=i} f(z) = \lim_{z\to i}(z-i)\frac{e^{i\pi z}}{(z-i)(z+i)(z-2i)(z+2i)}$$

$$= \frac{e^{-\pi}}{2i(-i)(3i)} = -\frac{1}{6}\cdot e^{-\pi}\cdot i$$

$$\operatorname*{Res}_{z=2i} f(z) = \lim_{z\to 2i}(z-2i)\frac{e^{i\pi z}}{(z-i)(z+i)(z-2i)(z+2i)}$$

$$= \frac{e^{-2\pi}}{i(3i)(4i)} = \frac{1}{12}\cdot e^{-2\pi}\cdot i$$

damit gilt(für großes R):

$$\int_{\frown} \frac{e^{i\pi z}}{z^4+5z^2+4}\,dz = 2\pi i \sum_{z=z_\nu} \operatorname{Res} f(z)$$

↑ summiert über die Residuen in der oberen Halbebene

$$= 2\pi i\left(-\frac{1}{6}e^{-\pi}\cdot i + \frac{1}{12}e^{-2\pi}\cdot i\right) =$$

$$= \frac{1}{3}\cdot e^{-\pi}\left(1 - \frac{1}{2}e^{-\pi}\right)$$

5.Schritt: Das Integral $\int_{\frown} f(z)dz$ über den Halbkreis strebt

für $R \to \infty$ (meistens) gegen Null.

Dies prüft man durch Abschätzungen nach:

$$\int_{\frown} f(z)dz = \int_{\varphi=0}^{\varphi=\pi} f(Re^{i\varphi})\,Rie^{i\varphi}\,d\varphi \qquad (z = Re^{i\varphi})$$

$$= \int_{\varphi=0}^{\varphi=\pi} \frac{e^{i\pi Re^{i\varphi}}}{R^4e^{i4\varphi} + 5R^2e^{i2\varphi} + 4}\,R\,ie^{i\varphi}d\varphi$$

$$\left|\int_{\frown} f(z)dz\right| \le \int_0^{\pi} \frac{|e^{i\pi R(\cos\varphi + i\sin\varphi)}|}{|R^4e^{i4\varphi} + 5R^2e^{i2\varphi} + 4|}\,R|ie^{i\varphi}|d\varphi$$

$$= \int_0^{\pi} \frac{|e^{-R\pi\sin\varphi}\,e^{i\varphi R\cos\varphi}|}{|R^4e^{i4\varphi} + 5R^2e^{i2\varphi} + 4|}\,R\,d\varphi$$

$$= \int_0^{\pi} \frac{Re^{-R\pi\sin\varphi}}{|R^4e^{i4\varphi} + 5R^2e^{i2\varphi} + 4|}\,d\varphi$$

$$\left|\int_{\curvearrowleft} f(z)\,dz\right| \le \int_0^{\pi} \frac{R\cdot 1}{\left\| R^4 e^{i4\varphi}\right| - \left|5R^2 e^{i2\varphi} + 4\right\|}\,d\varphi$$

$$\le \int_0^{\pi} \frac{R}{\left|R^4 - |5R^2 - 4|\right|}\,d\varphi$$

$$\le \pi \frac{1}{R^3\left|1 - \frac{5}{R^2} - \frac{4}{R^4}\right|} \xrightarrow[R\to\infty]{} 0$$

6.Schritt: Zusammenfassung:

$$\int_{-\infty}^{+\infty} \frac{\cos\pi x}{x^4+5x^2+4}\,dx = \operatorname{Re}\left(\lim_{R\to\infty} \int_{C_R} f(z)\,dz\right) =$$

$$= \operatorname{Re}\left(\lim \int_{\circlearrowleft} f(z)\,dz - \lim \int_{\curvearrowleft} f(z)\,dz\right) =$$

$$= \operatorname{Re}\left(\tfrac{1}{3}\pi e^{-\pi}\left(1 - \tfrac{1}{2}e^{-\pi}\right) - 0\right) = \tfrac{1}{3} e^{-\pi}\left(1 - \tfrac{1}{2}\right.$$

Beispiel 15.3.3: Man berechne mit Hilfe des Residuensatzes das uneigentliche Integral

$$\int_0^{\infty} \frac{x}{x^4+1}\,dx$$

Hinweis: Man benutze den skizzierten Integrationsweg.

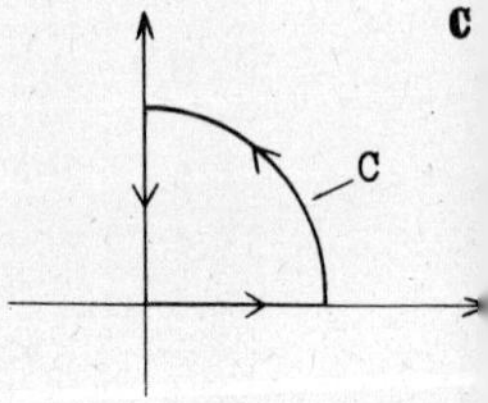

Lösung:

1.Schritt: Reelles Integral durch komplexes Integral ausdrücken

Der reelle Integrand $\frac{x}{x^4+1}$ ist identisch mit dem komplexen Integranden $\frac{z}{z^4+1}$ auf der positiven reellen Achse

C: $z = x,\quad 0 \le x < +\infty,\quad y = 0$:

$$\int_0^{+\infty} \frac{x}{x^4+1}\,dx = \int_C \frac{z}{z^4+1}\,dz\,.$$

2.Schritt: Das uneigentliche Integral ist als Grenzwert eines eigentlichen Integrals zu schreiben:

$$\int_C \frac{z}{z^4+1}\,dz = \lim_{R\to\infty} \int_{C_R} \frac{z}{z^4+1}\,dz \quad \text{, wobei}$$

C_R die Strecke von 0 bis $+R$ auf der reellen Achse is

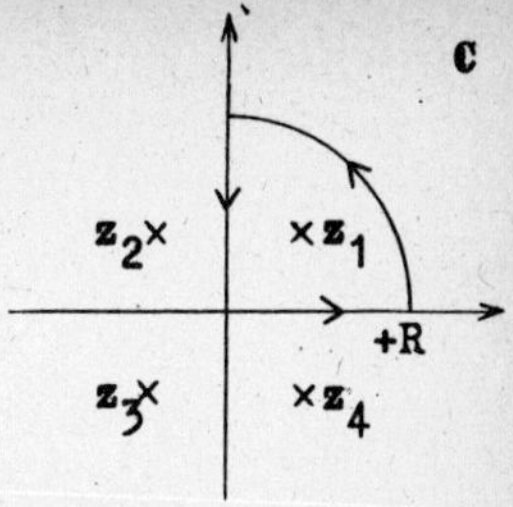

3.Schritt: Das Integral über C_R wird zu einem Integral über die hier vorgegebene geschlossene Kurve C ergänzt:

$$\oint f(z)dz = \int_{C_R} f(z)dz + \int_{\curvearrowleft\downarrow} f(z)dz$$

4.Schritt: Das entstehende Integral wird mit dem Residuensatz berechnet. Die Singularitäten von $\frac{z}{z^4+1}$ sind die Nullstellen des Nenners:

$z_1 = e^{i\pi/4}$, $z_2 = e^{i3\pi/4}$, $z_3 = e^{i5\pi/4}$, $z_4 = e^{i7\pi/4}$

(Pole 1.Ordnung).

Nur die Singularität $z_1 = e^{i\pi/4}$ wird von dem Integrationsweg C umschlossen ($R \to +\infty$). Das zugehörige Residuum lautet:

$$\operatorname*{Res}_{z=z_1} f(z) = \lim_{z\to z_1} \frac{(z-z_1)\,z}{(z-z_1)(z-z_2)(z-z_3)(z-z_4)} =$$

$$= \frac{z_1}{(z_1-z_2)(z_1-z_3)(z_1-z_4)} = \frac{e^{i\pi/4}}{\sqrt{2}\cdot 2e^{i\pi/4}\sqrt{2}\,i} = -\frac{i}{4}$$

($z_1-z_2 = \sqrt{2}$, $z_1-z_3 = 2e^{i\pi/4}$, $z_1-z_4 = \sqrt{2}\,i$, was man am einfachsten aus der Skizze abliest, oder durch Einsetzen berechnet).

Damit gilt: $$\oint \frac{z}{z^4+1}\,dz = 2\pi i\left(-\frac{i}{4}\right) = \frac{\pi}{2}$$

5.Schritt: Berechnung von $\int_{\curvearrowleft\downarrow} f(z)dz = \int_{\curvearrowleft} f(z)dz + \int_{\downarrow} f(z)dz$

a) Das Integral $\int_{\curvearrowleft} \frac{z}{z^4+1}\,dz$ über den Viertelkreis

strebt für $R \to \infty$ gegen Null.

Dies prüft man durch Abschätzen nach:

$$\int_{\curvearrowleft} \frac{z}{z^4+1}\,dz = \int_{\varphi=0}^{\varphi=\pi/4} f(Re^{i\varphi})Rie^{i\varphi}d\varphi =$$

$$= \int_{\varphi=0}^{\varphi=\pi/4} \frac{Re^{i\varphi}}{R^4e^{4i\varphi}+1}\,Rie^{i\varphi}\,d\varphi \Rightarrow$$

$$\left|\int_{\curvearrowleft} f(z)\,dz\right| \le \int_{\varphi=0}^{\varphi=\pi/4} \frac{R^2}{|1+R^4e^{i4\varphi}|}d\varphi \le \int_{\varphi=0}^{\varphi=\pi/4} \frac{R^2}{|R^4-1|}\,d\varphi =$$

$$= \frac{\pi}{2}\,\frac{R^2}{R^4-1} \xrightarrow[R\to\infty]{} 0$$

b) Das Integral $\int\limits_{\downarrow} \frac{z}{z^4+1}\,dz$ erstreckt sich über die die imaginäre Achse von +R nach 0: $z = iy$, $dz = i\cdot dy$

$$\int\limits_{\downarrow} \frac{z}{z^4+1}\,dz = \int_R^0 \frac{iy}{y^4+1}\cdot i\cdot dy = -\int_R^0 \frac{y}{y^4+1}\,dy = \int_0^R \frac{t}{t^4+1}\,dt$$

6.Schritt: Zusammenfassung:

$$I = \int_0^\infty \frac{x}{x^4+1}\,dx = \lim_{R\to\infty} \int_{C_R} f(z)dz =$$

$$= \lim \int\limits_{\circlearrowleft} f(z)dz - \lim \int\limits_{\curvearrowleft} f(z)dz - \lim \int\limits_{\downarrow} f(z)dz$$

$$= \frac{\pi}{2} - \underbrace{\lim \int\limits_{\curvearrowleft} f(z)dz}_{=0} - \underbrace{\lim_{R\to\infty} \int_0^R \frac{t}{t^4+1}\,dt}_{=I}$$

Rechts tritt wieder das zu berechnende Integral I auf. Für I hat man somit die Gleichung $I = \frac{\pi}{2} - I \Rightarrow$

$$I = \int_0^\infty \frac{x}{x^4+1}\,dx = \frac{\pi}{4}$$

Beispiel 15.3.4: Man berechne das Integral $\int_0^{2\pi} \frac{d\varphi}{\cos\varphi + 2\sin\varphi - 3}$

mit Hilfe eines geeigneten Integrals einer komplexen Funktion. (Hinweis $z = e^{i\varphi}$)

Lösung:

Das reelle Integral ist durch ein komplexes Integral auszudrücken. Mit dem Hinweis $z = e^{i\varphi}$ und den bekannten Formeln

$\cos\varphi = \frac{e^{i\varphi} + e^{-i\varphi}}{2}$ und $\sin\varphi = \frac{e^{i\varphi} - e^{-i\varphi}}{2i}$ erhält man für den Integranden:

$$\frac{1}{\cos\varphi + 2\sin\varphi - 3} = \frac{2i}{ie^{i\varphi} + ie^{-i\varphi} + 2e^{i\varphi} - 2e^{-i\varphi} - 6i} =$$

$$= \frac{2i}{(i+2)e^{i\varphi} + (i-2)e^{-i\varphi} - 6i} = \frac{2i}{(i+2)z + (i-2)\frac{1}{z} - 6i} \qquad \text{mit } z = e^{i\varphi}$$

d.h. der reelle Integrand von 0 bis 2π ist gleich dem hergeleiteten komplexen Integrand auf dem Einheitskreis C.

C: $z = e^{i\varphi}$, $0 \le \varphi < 2\pi$.

Mit $dz = ie^{i\varphi}d\varphi$ oder $d\varphi = -i\frac{1}{z}dz$ wird

$$\int_0^{2\pi} \frac{d\varphi}{\cos\varphi + 2\sin\varphi - 3} = \int_C \frac{2i}{(i+2)z + (i-2)\frac{1}{z} - 6i}\cdot\left(-i\frac{1}{z}\right) dz =$$

$$= \int_C \frac{2}{(i+2)z^2 - 6zi + (i-2)}\, dz = 2\pi i \sum_{z=z_\nu} \text{Res } f(z)$$

$\uparrow$ summiert über die Singularitäten von f(z) innerhalb von C.

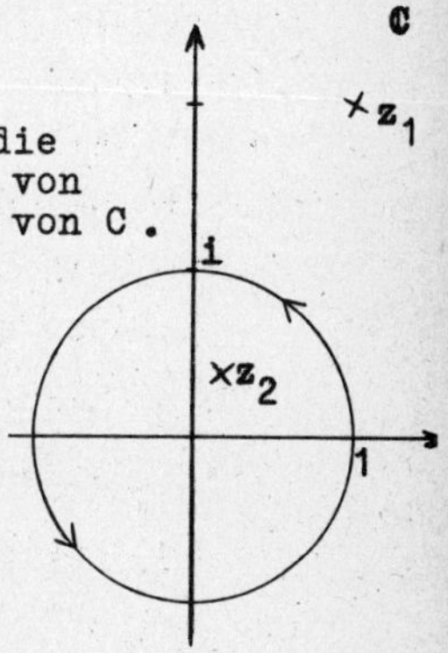

Singularitäten von f(z):

$(i+2)z^2 - 6iz - (i-2) = 0$

$$z_{1,2} = \frac{3}{5}i(2-i) \pm \sqrt{-\frac{9}{25}(2-i)^2 + \frac{5}{25}(2-i)^2}$$

$z_1 = 1 + 2i$, $z_2 = \frac{1}{5}(1 + 2i)$ Pole 1.Ordnung;

nur z_2 liegt im Einheitskreis.

$$\text{Res}_{z=z_2} f(z) = \lim_{z\to z_2} \left(z - \frac{1}{5}(1+2i)\right) \frac{2}{(i+2)(z - \frac{1}{5}(1+2i))(z-(1+2i))} =$$

$$= \frac{2}{(i+2)(-\frac{4}{5}(1+2i))} = \frac{i}{2}$$

$$\int_0^{2\pi} \frac{1}{\cos\varphi + 2\sin\varphi - 3}\, d\varphi = 2\pi\cdot i\cdot\frac{i}{2} = -\pi$$

Aufgaben: 15.1 - 15.14

16. Analytische Geometrie

16.1 Vektoren in der Ebene

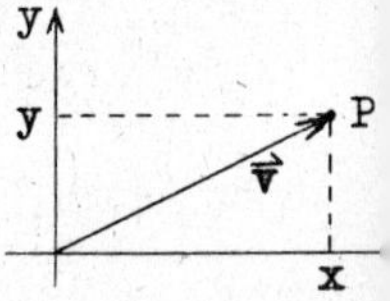

Ein Punkt P der Ebene wird durch kartesische Koordinaten x und y beschrieben. Der zugehörige Vektor $\vec{v} = \overrightarrow{OP} = (x,y)$ mit Fußpunkt im Nullpunkt und Spitze in P, heißt Ortsvektor von P. Die Verbindung eines Punktes P_1 mit Ortsvektor $\vec{x}_1$ und eines Punktes P_2 mit Ortsvektor $\vec{x}_2$ wird durch den (freien) Vektor $\vec{v} = \overrightarrow{P_1P_2} = \vec{x}_2 - \vec{x}_1$ beschrieben.

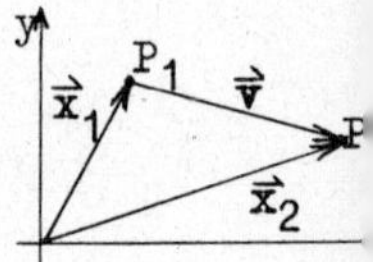

a) Summe zweier Vektoren: $(x_1,y_1)+(x_2,y_2) = (x_1+x_2, y_1+y_2)$

b) Multiplikation mit Skalar α: $\alpha\cdot(x,y) = (\alpha x, \alpha y)$

c) Länge des Vektors $\vec{v} = (x,y)$: $|\vec{v}| = \sqrt{x^2+y^2}$.

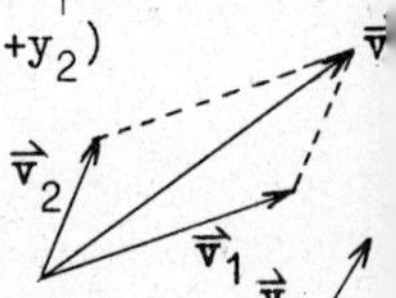

d) Inneres Produkt zweier Vektoren: $(\vec{v}_1\cdot\vec{v}_2) = x_1\cdot x_2 + y_1\cdot y_2$

e) Winkel φ zwischen $\vec{v}_1$ und $\vec{v}_2$: $\cos\varphi = \dfrac{(\vec{v}_1\cdot\vec{v}_2)}{|\vec{v}_1|\cdot|\vec{v}_2|}$

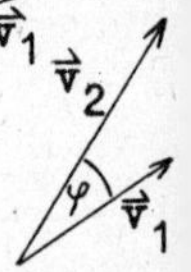

f) $\vec{v}_1$ und $\vec{v}_2$ stehen aufeinander senkrecht, $\vec{v}_1 \perp \vec{v}_2$, wenn $(\vec{v}_1\cdot\vec{v}_2) = 0$

g) Fläche F des von $\vec{v}_1$ und $\vec{v}_2$ aufgespannten Parallelogramms $F = |\vec{v}_1|\cdot|\vec{v}_2|\sin\varphi = |x_1y_2 - x_2y_1|$.

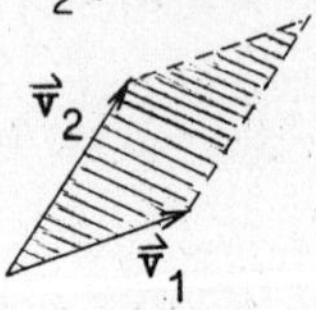

16.2 Vektoren im Raum

Ein Punkt P im Raum wird durch kartesische Koordinaten x,y und z beschrieben, zugehöriger Ortsvektor $\vec{v} = (x,y,z)$.

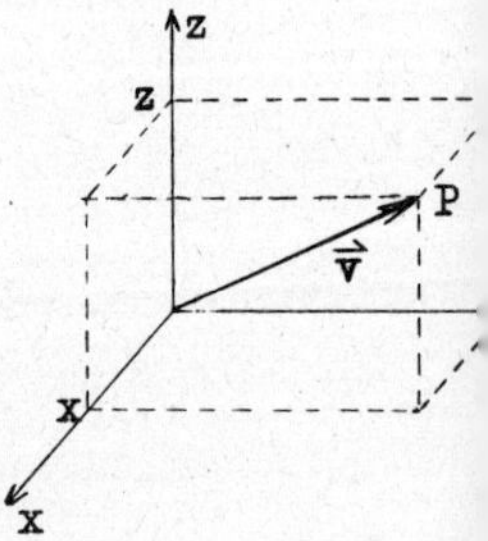

a) Summe zweier Vektoren:
$(x_1,y_1,z_1)+(x_2,y_2,z_2) = (x_1+x_2, y_1+y_2, z_1+z_2)$

b) Multiplikation mit Skalar α:
$\alpha(x,y,z) = (\alpha x, \alpha y, \alpha z)$

c) Länge des Vektors $\vec{v} = (x,y,z)$: $|\vec{v}| = \sqrt{x^2+y^2+z^2}$

d) Inneres Produkt zweier Vektoren: $(\vec{v}_1\cdot\vec{v}_2) = x_1 x_2 + y_1 y_2 + z_1 z_2$

e) Winkel φ zwischen $\vec{v}_1$ und $\vec{v}_2$: $\cos\varphi = \dfrac{(\vec{v}_1\cdot\vec{v}_2)}{|\vec{v}_1|\cdot|\vec{v}_2|}$

f) $\vec{v}_1$ und $\vec{v}_2$ stehen aufeinander senkrecht, $\vec{v}_1 \perp \vec{v}_2$, wenn $(\vec{v}_1\cdot\vec{v}_2) = 0$

g) Vektorielles Produkt der Vektoren $\vec{v}_1 = (x_1,y_1,z_1)$, $\vec{v}_2 = (x_2,y_2,z_2)$

$$\vec{v}_1 \times \vec{v}_2 = \left(\begin{vmatrix} y_1 & z_1 \\ y_2 & z_2 \end{vmatrix}, \begin{vmatrix} z_1 & x_1 \\ z_2 & x_2 \end{vmatrix}, \begin{vmatrix} x_1 & y_1 \\ x_2 & y_2 \end{vmatrix} \right)$$
$$= (y_1z_2 - z_1y_2,\ z_1x_2 - x_1z_2,\ x_1y_2 - y_1x_2)$$

h) <u>Fläche F</u> des von $\vec{v}_1$ und $\vec{v}_2$ aufgespannten Parallelogramms:
$F = |\vec{v}_1 \times \vec{v}_2| = |\vec{v}_1| \cdot |\vec{v}_2| \cdot \sin\varphi$.

i) Der Vektor $\vec{v}_1 \times \vec{v}_2$ steht <u>senkrecht</u> auf $\vec{v}_1$ und $\vec{v}_2$ und somit senkrecht auf der von $\vec{v}_1$ und $\vec{v}_2$ aufgespannten Ebene.

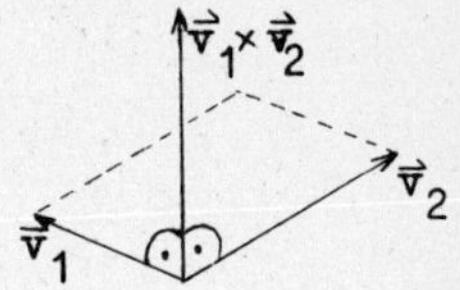

j) $\vec{v}_1$ und $\vec{v}_2$ sind <u>parallel</u>, $\vec{v}_1 \| \vec{v}_2$, wenn $\vec{v}_1 \times \vec{v}_2 = 0$

k) <u>Spatprodukt:</u>

$$(\vec{v}_1,\vec{v}_2,\vec{v}_3) = \begin{vmatrix} x_1 & y_1 & z_1 \\ x_2 & y_2 & z_2 \\ x_3 & y_3 & z_3 \end{vmatrix} = x_1y_2z_3 - x_1z_2y_3 - x_2y_1z_3 + x_2z_1y_3 + x_3y_1z_2 - x_3z_1y_2$$

l) <u>Volumen</u> V des von $\vec{v}_1, \vec{v}_2$ und $\vec{v}_3$ aufgespannten <u>Parallelepipeds (Spats)</u>
$V = |(\vec{v}_1,\vec{v}_2,\vec{v}_3)|$

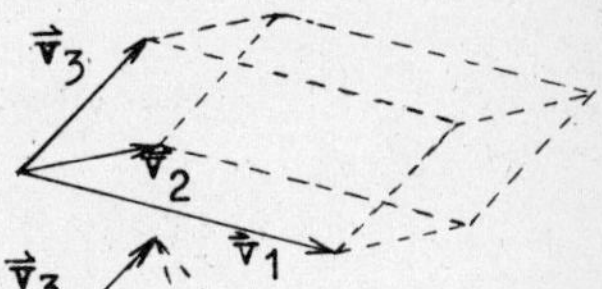

m) <u>Volumen</u> V_T des <u>Tetraeders</u> mit den Ecken $\vec{0}, \vec{v}_1, \vec{v}_2, \vec{v}_3$: $V_T = \frac{1}{6}|(\vec{v}_1,\vec{v}_2,\vec{v}_3)|$

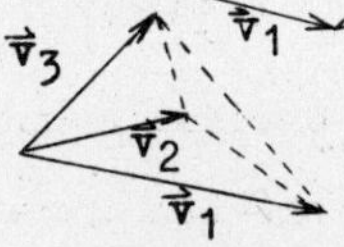

n) Die Vektoren $\vec{v}_1, \vec{v}_2$ und $\vec{v}_3$ liegen in einer Ebene (sind <u>linear abhängig</u>), wenn $(\vec{v}_1,\vec{v}_2,\vec{v}_3) = 0$

<u>Beispiel 16.2.1:</u> Gegeben ist das Tetraeder mit den Ecken
P_1: (1, 6, 2)
P_2: (4, 1, 4)
P_3: (5, 4, -1)
P_4: (1, 1, 0)

Man berechne:

a) die Länge des Vektors, der von P_1 nach P_2 zeigt,
b) die Winkel und die Fläche des Dreiecks mit den Ecken P_4, P_1, P_2;
c) das Volumen des Tetraeders mit den Ecken P_1, P_2, P_3, P_4.

<u>Lösung:</u>

Setze: $\vec{v}_1 = \overrightarrow{P_4P_1} = (1,6,2) - (1,1,0) = (0,5,2)$

$\vec{v}_2 = \overrightarrow{P_4P_2} = (4,1,4) - (1,1,0) = (3,0,4)$

$\vec{v}_3 = \overrightarrow{P_4P_3} = (5,4,-1) - (1,1,0) = (4,3,-1)$

a) $\vec{v}_4 = \overrightarrow{P_1P_2} = (4,1,4) - (1,6,2) = (3,-5,2)$

$|\overrightarrow{P_1P_2}| = \sqrt{3^2 + (-5)^2 + 2^2} = \sqrt{38} = 6{,}16$

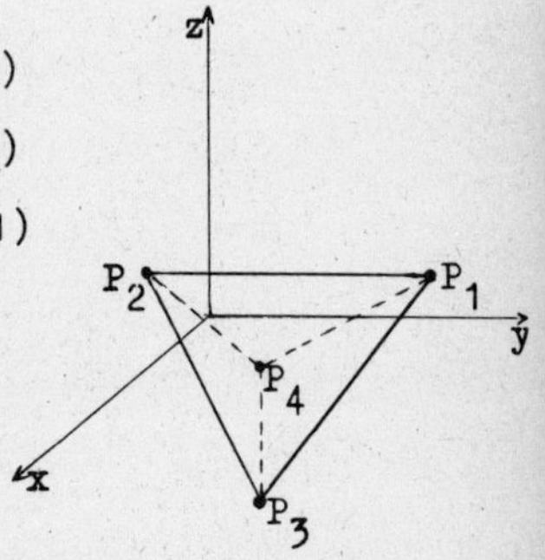

b) $\cos(\vec{v}_1,\vec{v}_2) = \dfrac{(\vec{v}_1\cdot\vec{v}_2)}{|\vec{v}_1|\cdot|\vec{v}_2|} = \dfrac{0\cdot 3+5\cdot 0+2\cdot 4}{\sqrt{0^2+5^2+2^2}\ \sqrt{3^2+0^2+4^2}} = \dfrac{8}{\sqrt{29}\cdot 5} = 0{,}297$

$(\vec{v}_1,\vec{v}_2) = 72{,}72^\circ$

$\cos(\vec{v}_2,\vec{v}_4) = \dfrac{(\vec{v}_2\cdot\vec{v}_4)}{|\vec{v}_2|\cdot|\vec{v}_4|} = \dfrac{9+8}{5\cdot\sqrt{38}} = \dfrac{17}{5\cdot\sqrt{38}} \cong 0{,}5515$

$\sphericalangle(\vec{v}_2,\vec{v}_4) = 56{,}53^\circ$

$\sphericalangle(\vec{v}_1,\vec{v}_3) = 180^\circ - 129{,}25^\circ = 50{,}75^\circ$

Fläche $F = \frac{1}{2}|\vec{v}_1\times\vec{v}_2| = \frac{1}{2}\cdot\left|\left(\begin{vmatrix}5 & 2\\ 0 & 4\end{vmatrix}, \begin{vmatrix}2 & 0\\ 4 & 3\end{vmatrix}, \begin{vmatrix}0 & 5\\ 3 & 0\end{vmatrix}\right)\right| =$

$= \frac{1}{2}\cdot|(20,\ 6,-15)| = \frac{1}{2}\cdot\sqrt{400+36+225} = \frac{1}{2}\sqrt{661} \cong 12{,}8$

c) Volumen des Tetraeders $V = \frac{1}{6}(\vec{v}_1,\vec{v}_2,\vec{v}_3) = \frac{1}{6}\cdot\begin{vmatrix}0 & 5 & 2\\ 3 & 0 & 4\\ 4 & 3 & -1\end{vmatrix} =$

$= \frac{1}{6}\left(0\cdot\begin{vmatrix}0 & 4\\ 3 & -1\end{vmatrix} - 3\cdot\begin{vmatrix}5 & 2\\ 3 & -1\end{vmatrix} + 4\cdot\begin{vmatrix}5 & 2\\ 0 & 4\end{vmatrix}\right) = \frac{1}{6}(-3\cdot(-11)+4\cdot 20) = \frac{113}{6} \cong 1$

16.3 Geraden in der Ebene

Verschiedene Darstellungen einer Geraden in der Ebene:

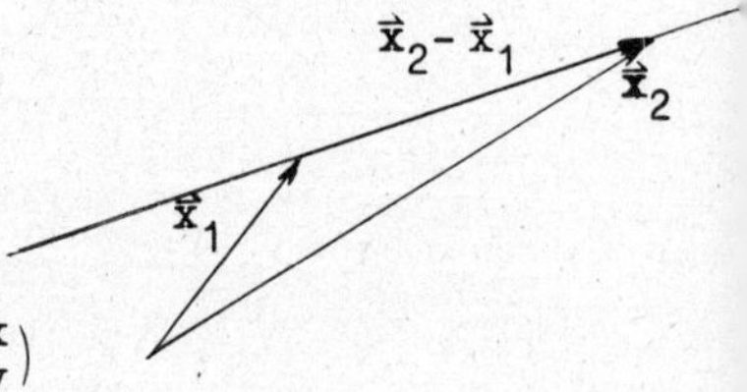

a) Parameterdarstellung der Geraden

durch $\vec{x}_1 = \begin{pmatrix}x_1\\ y_1\end{pmatrix}$ und $\vec{x}_2 = \begin{pmatrix}x_2\\ y_2\end{pmatrix}$:

$x = x_1 + t(x_2 - x_1)$

$y = y_1 + t(y_2 - y_1)$

in vektorieller Schreibweise $\vec{x} = \begin{pmatrix}x\\ y\end{pmatrix}$

$\vec{x} = \vec{x}_1 + t(\vec{x}_2 - \vec{x}_1)$

(t ist Parameter: Für jedes $t\in\mathbb{R}$ erhält man einen Punkt der Gera

b) Steigungsform: $\dfrac{y-y_1}{x-x_1} = \dfrac{y_2-y_1}{x_2-x_1}$

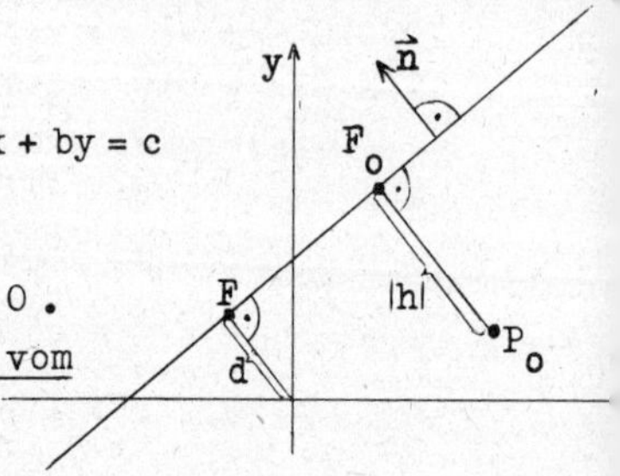

c) Allgemeine implizite Darstellung: $ax + by = c$

d) Hesse'sche Normalform: $n_1x + n_2y = d$

mit $\sqrt{n_1^2+n_2^2} = 1,\ d \geq 0$.

Dabei ist d der Abstand der Geraden vom Nullpunkt $\vec{O}$ und

$\vec{n} = \begin{pmatrix}n_1\\ n_2\end{pmatrix}$ der Normaleneinheitsvektor, der

senkrecht auf der Geraden steht und die Länge $|\vec{n}| = \sqrt{n_1^2+n_2^2} = 1$ h

Der Fußpunkt F des Lotes von $\vec{O}$ auf die Gerade ist:

$F\colon \begin{pmatrix}x_F\\ y_F\end{pmatrix} = d\cdot\vec{n} = \begin{pmatrix}d\cdot n_1\\ d\cdot n_2\end{pmatrix}$

Der Fußpunkt F_o des Lotes von P_o auf die Gerade ist:

$F_o\colon \begin{pmatrix}x_{F_o}\\ y_{F_o}\end{pmatrix} = \begin{pmatrix}x_o\\ y_o\end{pmatrix} - h\cdot\vec{n}$, wobei $|h|$

der Abstand des Punktes $P_0 = (x_0, y_0)$ von der Geraden ist, mit $h = n_1 x_0 + n_2 y_0 - d$

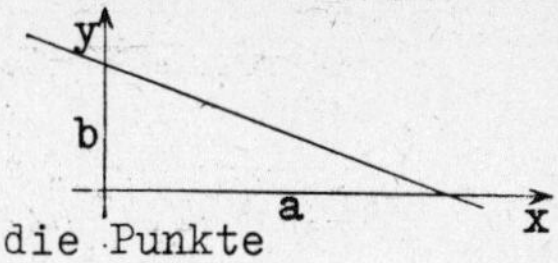

e) Achsenabschnittsform: $\frac{x}{a} + \frac{y}{b} = 1$

Beispiel 16.3.1: Für die Gerade durch die Punkte

P_1: $\vec{x}_1 = \binom{1}{1}$ und P_2: $\vec{x}_2 = \binom{2}{3}$ bestimme man

a) eine Parameterdarstellung, eine Steigungsform, die Hesse'sche Normalform, die Achsenabschnitts=form,

b) den Abstand des Nullpunktes von der Geraden und den Fußpunkt des Lotes vom Nullpunkt auf die Gerade,

c) den Abstand des Punktes $P_0 = \binom{3,5}{1}$ von der Geraden und den Fußpunkt des Lotes von P_0 auf die Gerade.

Lösung:

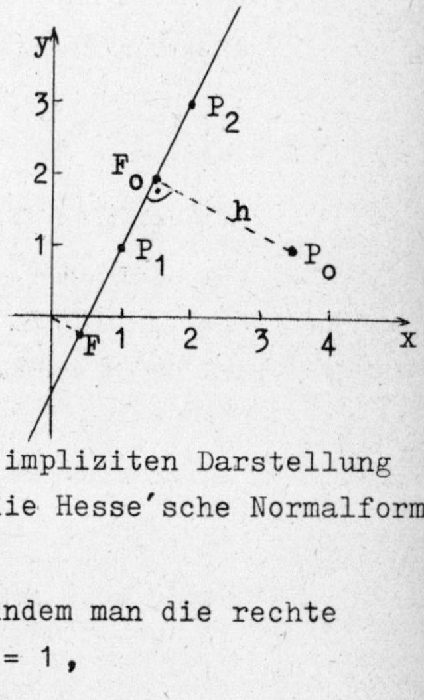

a) Parameterdarstellung:

$x = 1 + t(2-1) = 1 + t$

$y = 1 + t(3-1) = 1 + 2t$

Steigungsform: $\frac{y-1}{x-1} = \frac{3-1}{2-1} = 2$,

daraus erhält man $y - 1 = 2x - 2$ oder $2x - y = 1$. Dies ist eine implizite Darstellung mit $a = 2$, $b = -1$, $c = 1$.

Hesse'sche Normalform: Dividieren der impliziten Darstellung durch $\sqrt{a^2 + b^2} = \sqrt{2^2 + (-1)^2} = \sqrt{5}$ liefert die Hesse'sche Normalform

$$\frac{2}{\sqrt{5}}x - \frac{1}{\sqrt{5}}y = \frac{1}{\sqrt{5}}.$$

Die Achsenabschnittsform erhält man, indem man die rechte Seite zu 1 macht: $2x - y = 1$ oder $\frac{x}{\frac{1}{2}} - \frac{y}{1} = 1$, mit Achsenabschnitt

$\frac{1}{2}$ auf der x-Achse und -1 auf der y-Achse.

b) Der Hesse'schen Normalform entnimmt man $\vec{n} = \frac{1}{\sqrt{5}}\binom{2}{-1}$ und den Abstand der Geraden vom Nullpunkt $d = \frac{1}{\sqrt{5}}$.

Der Fußpunkt des Lotes ist $F: \binom{x_F}{y_F} = d \cdot \vec{n} = \frac{1}{5}\binom{2}{-1}$.

c) Abstand des Punktes P_0 von der Geraden:

$$h = \frac{2}{\sqrt{5}} \cdot 3,5 - \frac{1}{\sqrt{5}} \cdot 1 - \frac{1}{\sqrt{5}} = \frac{1}{\sqrt{5}} \cdot 5 = \sqrt{5}$$

Fußpunkt des Lotes ist:

$$F_0: \binom{x_{F_0}}{y_{F_0}} = \binom{3,5}{1} - \sqrt{5}\,\frac{1}{\sqrt{5}}\binom{2}{-1} = \binom{1,5}{2}$$

16.4 Geraden und Ebenen im Raum

Verschiedene Darstellungen einer Geraden im Raum:

a) Parameterdarstellung der Geraden durch $\vec{x}_1 = \begin{pmatrix} x_1 \\ y_1 \\ z_1 \end{pmatrix}$ und $\vec{x}_2 = ($ x y z

$x = x_1 + t(x_2 - x_1)$
$y = y_1 + t(y_2 - y_1)$
$z = z_1 + t(z_2 - z_1)$

in vektorieller Schreibweise

$\vec{x} = \vec{x}_1 + t(\vec{x}_2 - \vec{x}_1)$

b) Implizite Darstellung der Geraden als Schnitt zweier Ebenen:

$a_1x + b_1y + c_1z = r_1$
$a_2x + b_2y + c_2z = r_2$

Verschiedene Darstellungen einer Ebene im Raum:

a) Parameterdarstellung der Ebene durch die Punkte $\vec{x}_1 = \begin{pmatrix} x_1 \\ y_1 \\ z_1 \end{pmatrix}$, $\vec{x}_2 = \begin{pmatrix} x_2 \\ y_2 \\ z_2 \end{pmatrix}$, $\vec{x}_3 = \begin{pmatrix} x_3 \\ y_3 \\ z_3 \end{pmatrix}$

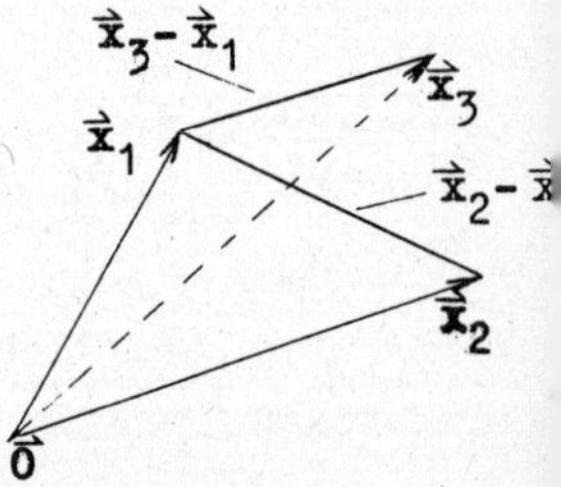

$x = x_1 + t(x_2 - x_1) + s(x_3 - x_1)$
$y = y_1 + t(y_2 - y_1) + s(y_3 - y_1)$
$z = z_1 + t(z_2 - z_1) + s(z_3 - z_1)$

in vektorieller Schreibweise $\vec{x} = \begin{pmatrix} x \\ y \\ z \end{pmatrix}$

$\vec{x} = \vec{x}_1 + t(\vec{x}_2 - \vec{x}_1) + s(\vec{x}_3 - \vec{x}_1)$

(t und s sind Parameter: Für jedes Paar $t \in \mathbb{R}$, $s \in \mathbb{R}$ erhält man einen Punkt der Ebene.)

b) Allgemeine implizite Darstellung einer Ebene

$ax + by + cz = r$

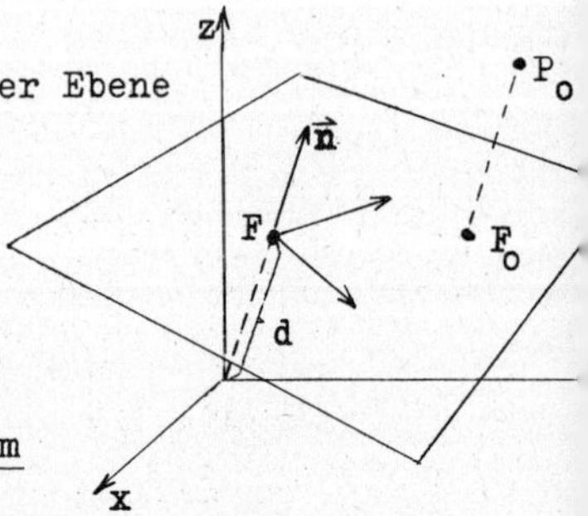

c) Hesse'sche Normalform der Ebene

$n_1x + n_2y + n_3z = d$

mit $\sqrt{n_1^2 + n_2^2 + n_3^2} = 1$ und $d \geq 0$

Dabei ist d der Abstand der Ebene vom Nullpunkt $\vec{0}$ und $\vec{n} = \begin{pmatrix} n_1 \\ n_2 \\ n_3 \end{pmatrix}$ der Normaleneinheitsvektor, der senk=recht auf der Ebene steht und die Länge $|\vec{n}| = \sqrt{n_1^2 + n_2^2 + n_3^2} = 1$ ha

Der Fußpunkt F des Lotes von $\vec{0}$ auf die Ebene ist

$$F: \begin{pmatrix} x_F \\ y_F \\ z_F \end{pmatrix} = d \cdot \vec{n} = \begin{pmatrix} d \cdot n_1 \\ d \cdot n_2 \\ d \cdot n_3 \end{pmatrix}$$

Der Abstand eines Punktes $P_0 = (x_0, y_0, z_0)$ von der Ebene ist $|h|$,

mit $h = n_1 x_0 + n_2 y_0 + n_3 z_0 - d$

Der Fußpunkt F_0 des Lotes von P_0 auf die Ebene ist

$$F_0: \begin{pmatrix} x_{F_0} \\ y_{F_0} \\ z_{F_0} \end{pmatrix} = \begin{pmatrix} x_0 \\ y_0 \\ z_0 \end{pmatrix} - h \cdot \vec{n}$$

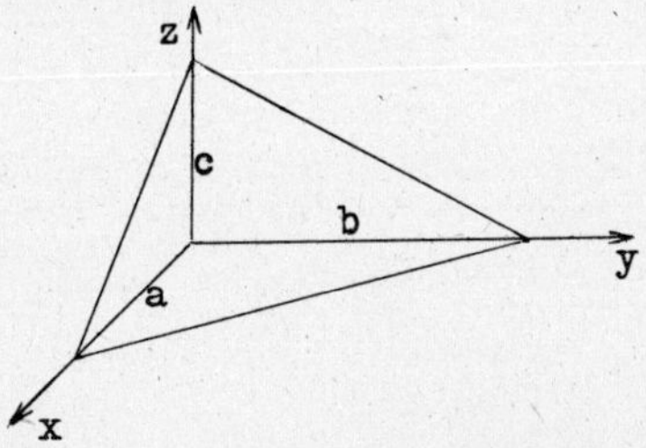

d) Achsenabschnittsform:

$$\frac{x}{a} + \frac{y}{b} + \frac{z}{c} = 1$$

Wichtige geometrische Größen

a) Winkel α zwischen den beiden Ebenen: $a_1 x + b_1 y + c_1 z = r_1$ und
$a_2 x + b_2 y + c_2 z = r_2$:

$$\cos\alpha = \frac{a_1 a_2 + b_1 b_2 + c_1 c_2}{\sqrt{a_1^2 + b_1^2 + c_1^2} \cdot \sqrt{a_2^2 + b_2^2 + c_2^2}}$$

b) Ist $\cos\alpha = \pm 1$, also $\alpha = 0$ oder $\alpha = \pi$, so sind die beiden Ebenen parallel. Ihr Abstand beträgt dann $|r_1 - (\cos\alpha) \cdot r_2|$.

c) Winkel α zwischen der Geraden $\vec{x} = \vec{x}_1 + t \begin{pmatrix} v_1 \\ v_2 \\ v_3 \end{pmatrix}$ und der Ebene $ax + by + cz = r$

$$\sin\alpha = \frac{av_1 + bv_2 + cv_3}{\sqrt{a^2 + b^2 + c^2}\ \sqrt{v_1^2 + v_2^2 + v_3^2}}$$

Ist $\sin\alpha = 0$, so verläuft die Gerade parallel zur Ebene.

d) Abstand d zweier windschiefer Geraden $\vec{x} = \vec{x}_1 + t\,\vec{u}$
$\vec{x} = \vec{x}_2 + s\,\vec{v}$

$$d = |((\vec{x}_1 - \vec{x}_2) \cdot \vec{n})| \quad \text{mit } \vec{n} = \frac{\vec{u} \times \vec{v}}{|\vec{u} \times \vec{v}|}$$

Beispiel 16.4.1: Im $\mathbb{R}^3$ seien gegeben:
die Ebene E durch $2x - y + 1 = 0$,
die Gerade G durch die Parameterdarstellung

$$\vec{x}(t) = \begin{pmatrix} 4 \\ 3 \\ 0 \end{pmatrix} + t \begin{pmatrix} 1 \\ 0 \\ 1 \end{pmatrix} \quad \text{und der Punkt } P = \begin{pmatrix} 6 \\ 3 \\ 2 \end{pmatrix}.$$

a) Man zeige, daß P auf der Geraden G liegt.
Man bestimme ferner
b) den Schnittpunkt der Geraden G mit der Ebene E,
c) den Fußpunkt und die Länge des von P auf die Ebene E gefällten Lotes,
d) den von der Geraden G und der Ebene E ein=
geschlossenen Winkel.

Lösung:

a) $P = \begin{pmatrix} 6 \\ 3 \\ 2 \end{pmatrix}$ liegt auf der Geraden $\vec{x}(t) = \begin{pmatrix} 4 \\ 3 \\ 0 \end{pmatrix} + t\begin{pmatrix} 1 \\ 0 \\ 1 \end{pmatrix}$, wenn P die Geradengleichung für einen Parameterwert $t = t_P$ erfüllt:

$$\begin{pmatrix} 6 \\ 3 \\ 2 \end{pmatrix} = \begin{pmatrix} 4 \\ 3 \\ 0 \end{pmatrix} + t_P\begin{pmatrix} 1 \\ 0 \\ 1 \end{pmatrix}$$

Aus der ersten Gleichung $6 = 4 + t_p \cdot 1$ folgt $t_p = 2$. Die zweite Gleichung $3 = 3 + 2 \cdot 0$ und die dritte Gleichung $2 = 0 + 2 \cdot 1$ sind damit ebenfalls erfüllt. Also liegt P auf G.

b) Der Schnittpunkt S: $\vec{x}_S = \begin{pmatrix} x_S \\ y_S \\ z_S \end{pmatrix}$ der Geraden G mit der Ebene E erfüllt sowohl die Geradengleichung für ein $t = t_S$: $\begin{pmatrix} x_S \\ y_S \\ z_S \end{pmatrix} = \begin{pmatrix} 4 \\ 3 \\ 0 \end{pmatrix} +$ t als auch die Ebenengleichung $2x_S - y_S + z_S + 1 = 0$.

Den Wert t_S erhält man, indem man x_S, y_S und z_S aus der Geraden-gleichung in die Ebenengleichung einsetzt:

$$2(4 + t_S \cdot 1) - (3 + t_S \cdot 0) + (0 + t_S \cdot 1) + 1 = 0 \quad \Rightarrow \quad t_S = -2,$$

und damit $\vec{x}_S = \begin{pmatrix} 4 \\ 3 \\ 0 \end{pmatrix} - 2\begin{pmatrix} 1 \\ 0 \\ 1 \end{pmatrix} = \begin{pmatrix} 2 \\ 3 \\ -2 \end{pmatrix}$

c) Zur Berechnung des Abstandes h des Punktes $\begin{pmatrix} 6 \\ 3 \\ 2 \end{pmatrix}$ von der Ebene und des Fußpunktes F_0 benötigt man den Normalenvektor $\vec{n}$ der Ebene. Aus der allgemeinen impliziten Darstellung der Ebene $2x - y + z + 1 = 0$ oder $-2x + y - z = 1$ mit $a = -2$, $b = 1$, $c = -1$ und $r = 1$ erhält man die Hesse'sche Normalform der Ebene, indem man diese Ebenengleichung durch $\sqrt{a^2 + b^2 + c^2} = \sqrt{(-2)^2 + (1)^2 + (-1)^2}$ dividiert $-\frac{2}{\sqrt{6}}x + \frac{1}{\sqrt{6}}y - \frac{1}{\sqrt{6}}z = \frac{1}{\sqrt{6}}$

Daraus ließt man ab: $\vec{n} = \frac{1}{\sqrt{6}}\begin{pmatrix} -2 \\ 1 \\ -1 \end{pmatrix}$ und $d = \frac{1}{\sqrt{6}}$.

Mit der angegebenen Formel erhält man für den Abstand h des Punktes $\begin{pmatrix} 6 \\ 3 \\ 2 \end{pmatrix}$ von E:

$$h = n_1 x_0 + n_2 y_0 + n_3 z_0 - d =$$
$$= \frac{-2}{\sqrt{6}} \cdot 6 + \frac{1}{\sqrt{6}} \cdot 3 - \frac{1}{\sqrt{6}} \cdot 2 - \frac{1}{\sqrt{6}} =$$
$$= \frac{1}{\sqrt{6}}(-12 + 3 - 2 - 1) = -2 \cdot \sqrt{6}$$

und den Fußpunkt F_0: $\begin{pmatrix} x_{F_0} \\ y_{F_0} \\ z_{F_0} \end{pmatrix} = \begin{pmatrix} 6 \\ 3 \\ 2 \end{pmatrix} - (-2 \cdot \sqrt{6})\frac{1}{\sqrt{6}}\begin{pmatrix} -2 \\ 1 \\ -1 \end{pmatrix} = \begin{pmatrix} 2 \\ 5 \\ 0 \end{pmatrix}$

d) Für den Winkel α zwischen der Geraden und der Ebene erhält man nach der angegebenen Formel:

$$\sin\alpha = \frac{-2\cdot 1 + 1\cdot 0 - 1\cdot 1}{\sqrt{(-2)^2 + 1^2 + (-1)^2}\ \sqrt{1^2 + 0^2 + 1^2}} = -\frac{3}{\sqrt{12}} = -\frac{\sqrt{3}}{2}, \quad \alpha = -30^\circ$$

Beispiel 16.4.2: Man gebe die Ebene an, die durch die Punkte P_1: $\vec{x}_1 = (-1,-1,2)$, P_2: $\vec{x}_2 = (1,2,1)$ und P_3: $\vec{x}_3 = (0,1,2)$ geht ; a) in Parameterdarstellung

b) in Hesse'scher Normalform.

Lösung: Ebenengleichung in Parameterform:

$$\vec{x} = \vec{x}_1 + t(\vec{x}_2 - \vec{x}_1) + s(\vec{x}_3 - \vec{x}_1)$$

$$\begin{pmatrix} x \\ y \\ z \end{pmatrix} = \begin{pmatrix} -1 \\ -1 \\ 2 \end{pmatrix} + t\begin{pmatrix} 1-(-1) \\ 2-(-1) \\ 1-2 \end{pmatrix} + s\begin{pmatrix} 0-(-1) \\ 1-(-1) \\ 2-2 \end{pmatrix} \quad \text{also komponentenweise}$$

$$x = -1 + t\cdot 2 + s\cdot 1$$
$$y = -1 + t\cdot 3 + s\cdot 2$$
$$z = 2 + t(-1) + s\cdot 0$$

Eine implzite Darstellung erhält man, indem man die Parameter t und s eliminiert:

Aus der dritten Gleichung erhält man $t = 2 - z$, damit aus der ersten Gleichung $s = x + 1 - 2(2 - z) = x + 2z - 3$. Einsetzen von t und s in die zweite Gleichung gibt die Ebenengleichung $y = -1 + 3(2 - z) + (x + 2z - 3)\cdot 2$ oder $2x - y + z = 1$

Durchdividieren mit $\sqrt{a^2 + b^2 + c^2} = \sqrt{2^2 + (-1)^2 + 1^2} = \sqrt{6}$ ergibt die Hesse'sche Normalform

$$\frac{2}{\sqrt{6}}x - \frac{1}{\sqrt{6}}y + \frac{1}{\sqrt{6}}z = \frac{1}{\sqrt{6}}$$

Beispiel 16.4.3: Gegeben sind die beiden Ebenen E_1: $x + y = 2$ und E_2: $3x - y + z = 2$.

Man bestimme

a) den Winkel zwischen den Ebenen E_1 und E_2,

b) den Abstand der Schnittgeraden von E_1 und E_2 vom Nullpunkt.

Lösung:

a) Für den Winkel α zwischen E_1 und E_2 erhält man nach obiger Formel:

$$\cos\alpha = \frac{1\cdot 3 + 1(-1) + 0\cdot 1}{\sqrt{1^2 + 1^2 + 0^2}\ \sqrt{3^2 + (-1)^2 + 1^2}} = \frac{2}{\sqrt{2}\ \sqrt{11}} = \frac{2}{\sqrt{22}} = 0{,}426$$

$$\alpha = 64{,}76^\circ$$

b) Die Schnittgerade von E_1 und E_2 erfüllt beide Ebenengleichung

$$x + y = 2$$
$$3x - y + z = 2$$

Man führt einen Parameter t, etwa $t = x$ ein und erhält

$$x = t$$
$$y = 2 - x = 2 - t$$
$$z = 2 - 3x + y = 2 - 3t + 2 - t = 4 - 4t$$, also die Gerade

$$\vec{x} = \begin{pmatrix} 0 \\ 2 \\ 4 \end{pmatrix} + t \begin{pmatrix} 1 \\ -1 \\ -4 \end{pmatrix}$$

Für den Fußpunkt F: $\vec{x}_F = \begin{pmatrix} x_F \\ y_F \\ z_F \end{pmatrix}$ des Lotes von $P = \begin{pmatrix} 0 \\ 0 \\ 0 \end{pmatrix}$ auf die Gerade muß gelten:

(i) F liegt auf der Geraden, d.h. für einen Parameterwert $t = t_F$ gilt

$$x_F = 0 + t_F \cdot 1$$
$$y_F = 2 + t_F \cdot (-1)$$
$$z_F = 4 + t_F \cdot (-4)$$

(ii) Der Vektor $\overrightarrow{PF} = \vec{x}_F$ steht senkrecht auf der Geraden, d.h. senkrecht auf dem Richtungsvektor $\vec{v} = \begin{pmatrix} 1 \\ -1 \\ -4 \end{pmatrix}$ der Geraden:

$$x_F \cdot 1 + y_F \cdot (-1) + z_F \cdot (-4) = 0$$

Man hat somit vier Gleichungen mit den vier Unbekannten t_F, x_F, y_F, z_F.

Einsetzen der drei Gleichungen aus (i) in die Gleichung aus (ii) liefert

$$t_F + (2 - t_F) \cdot (-1) + (4 - 4t_F) \cdot (-4) = 0$$, also

$$18t_F - 18 = 0$$, also $t_F = 1$ und damit

$$x_F = 1, \; y_F = 1, \; z_F = 0 .$$

Der Abstand des Nullpunktes von der Geraden ist dann

$$d = |\vec{x}_F| = \sqrt{x_F^2 + y_F^2 + z_F^2} = \sqrt{1^2 + 1^2 + 0^2} = \sqrt{2} .$$

Aufgaben: 16.1 - 16.3

17. Lineare Gleichungssysteme

Ein <u>lineares Gleichungssystem</u> hat die Form

$$
\begin{aligned}
a_{11}x_1 + a_{12}x_2 + \dots + a_{1n}x_n &= b_1 \\
a_{21}x_1 + a_{22}x_2 + \dots + a_{2n}x_n &= b_2 \\
\vdots \qquad\qquad & \quad \vdots \\
a_{n1}x_1 + a_{n2}x_2 + \dots + a_{nn}x_n &= b_n
\end{aligned}
$$

oder in Matrizenschreibweise

$$
\begin{pmatrix} a_{11} & a_{12} & \dots & a_{1n} \\ a_{21} & a_{22} & \dots & a_{2n} \\ \vdots & \vdots & & \vdots \\ a_{n1} & a_{n2} & & a_{nn} \end{pmatrix} \begin{pmatrix} x_1 \\ x_2 \\ \vdots \\ x_n \end{pmatrix} = \begin{pmatrix} b_1 \\ b_2 \\ \vdots \\ b_n \end{pmatrix}
$$

oder $A\,\vec{x} = \vec{b}$.

Dabei sind die Koeffizienten a_{ij} und b_i vorgegebene Zahlen; $x_1, x_2, \dots, x_n$ sind die gesuchten Unbekannten.

17.1 Auflösen eines linearen Gleichungssystems

Lösung des Gleichungssystems durch den Gauß'schen Algorithmus (Gauß-Eliminationsverfahren):

Die Vorgehensweise wird links verbal beschrieben und rechts an einem Beispiel vorgeführt.

Beispiel 17.1.1:

$$
\begin{aligned}
x_1 - 2x_2 - 3x_3 + 2x_4 &= -2 \\
-2x_1 + 4x_2 + 8x_3 - 5x_4 &= 3 \\
3x_1 - 4x_2 - 5x_3 + 4x_4 &= -6 \\
x_1 + 2x_2 + x_3 + 2x_4 &= 2
\end{aligned}
$$

Zugehöriges Koeffizientenschema:

1	-2	-3	2	-2
-2	4	8	-5	3
3	-4	-5	4	-6
1	2	1	2	2

A) Eliminationsschritt:

A.a) Prüfung auf Null:
Ist das Element in der linken oberen Ecke $\neq 0$?
Falls ja, weiter bei A.b).
Falls nein, suche eine Zeile, in der das erste Element $\neq 0$ ist. Tausche diese Zeile mit der ersten Zeile. Weiter bei A.b).
Ist in jeder Zeile das erste Element gleich Null, dann weiter bei B).

①	-2	-3	2	-2
-2	4	8	-5	3
3	-4	-5	4	-6
1	2	1	2	2

$\textcircled{1} \neq 0$

A.b) Die erste Zeile wird abgeschrieben, wie sie ist. In die erste Spalte wird sonst nichts eingetragen. Die neuen Werte im restlichen Schema berechnet man mit der "Rechtecksregel".

①	-2	-3	2	-2
*	.	.	.	.
*	.	.	.	.
*	.	.	.	.

"RR" : Das Element, was dasteht □ minus das, was links steht, mal das, was oben steht, durch das links oben stehende Element ◯.

①	-2	.	.	.
-2	[4]	.	.	.
.	.	.	.	.
.	.	.	.	.

$$\boxed{4} - \frac{(-2)(-2)}{\textcircled{1}} = 0$$

①	.	-3	.	.
-2	.	[8]	.	.
.	.	.	.	.
.	.	.	.	.

$$\boxed{8} - \frac{(-2)(-3)}{\textcircled{1}} = 2$$

①	.	.	.	-2
.	.	.	.	.
.	.	.	.	.
1	.	.	.	[2]

$$\boxed{2} + \frac{1 \cdot 2}{\textcircled{1}} = 4$$

B) Der Rahmen, bestehend aus 1.Zeile und 1.Spalte hat bereits seine Endgestalt erreicht; betrachtet wird im folgenden nur noch das verbleibende eingerahmte Schema.

1	-2	-3	2	-2
*	0	2	-1	-1
*	2	4	-2	0
*	4	4	0	4

Mit diesem verfährt man wie mit dem Ausgangsschema, man führt einen weiteren Elimi= nationsschritt durch, also weiter bei A).

A.a) Das Element links oben ist 0, das erste Element in der zweiten Zeile $\neq 0$: Vertauschen der ersten und zweiten Zeile

1	-2	-3	2	-2
*	(2)	4	-2	0
*	0	[2]	-1	-1
*	4	4	0	[4]

A.b)

1	-2	-3	2	-2
*	2	4	-2	0
*	*	2	-1	-1
*	*	-4	4	4

$$\boxed{2} - \frac{0 \cdot 4}{\textcircled{2}} = 2,$$

$$\boxed{4} - \frac{4 \cdot 0}{\textcircled{2}} = 4.$$

B)

1	-2	-3	2	-2
*	2	4	-2	0
*	*	(2)	-1	-1
*	*	-4	4	4

A.a) Das Element links oben ist $\neq 0$. Kein Zeilentausch.

A.b)

1	-2	-3	2	-2
*	2	4	-2	0
*	*	(2)	-1	-1
*	*	*	2	2

Jedesmal wenn man die Schfittfolge A.a), A.b), B) durchlaufen hat, wird das Restschema um eine Zeile und eine Spalte weniger.

C) Schließlich besteht das Rest=schema nur noch aus einer Zeile. Jetzt ist man mit dem Umformen fertig.

1	-2	-3	2	-2
*	2	4	-2	0
*	*	2	-1	-1
*	*	*	2	2

D) Die Lösung $x_1, x_2, \ldots, x_n$ erhält man durch Auflösen des erhaltenen dreieckigen Glei=chungssystems.

$$\begin{aligned} 1x_1-2x_2-3x_3+2x_4&=-2\\ 2x_2+4x_3-2x_4&=0\\ 2x_3-1x_4&=-1\\ 2x_4&=2 \end{aligned}$$

Die 4.Zeile ergibt: x

Einsetzen in die 3.Zeile ergibt: x

Einsetzen in die 2.Zeile ergibt: x

Einsetzen in die 1.Zeile ergibt: x

17.2 Die Lösungen eines linearen Gleichungssystems

Beim Auflösen des dreieckigen Gleichungssystems können die folgend Fälle auftreten:

1.Fall: Alle Diagonalelemente sind $\neq 0$ (wie im obigen Beispiel 17.1.1); dann hat das Gleichungssystem genau eine Lösun

2.Fall: Ein oder mehrere Diagonalelemente sind = 0; dann stößt man entweder beim Auflösen auf Widersprüche, und das Gleichungssystem hat keine Lösung (siehe Beispiel 17.2. oder man stößt nicht auf Widersprüche und das Gleichung system hat unendlich viele Lösungen (siehe Beispiel 17.

Beispiel 17.2.1:

$$\begin{aligned} 1x_1-1x_2&=0\\ -1x_1+1x_2+1x_3&=2\\ 2x_1-2x_2+1x_3&=5 \end{aligned}$$

Lösung: **Gauß-Elimination**

(1)	-1	0	0
-1	1	1	2
2	-2	1	5

1	-1	0	0
*	(0)	1	2
*	0	1	5

1	-1	0	0
*	0	1	2
*	*	1	5

Das zugehörige dreieckige Gleichungssystem:

$$\begin{aligned} 1x_1-1x_2+0x_3&=0\\ 0x_2+1x_3&=2\\ 1x_3&=5 \end{aligned}$$

Die 3.Zeile ergibt: $x_3 = 5$;
Einsetzen in die 2.Zeile ergibt den Widerspruch $5 = 2$.
Das Gleichungssystem hat keine Lösung.

Beispiel 17.2.2:

$$\begin{aligned} 2x_1 - 1x_2 + 1x_3 &= -1 \\ 1x_1 + 2x_2 + 8x_3 &= 1 \\ 3x_1 + 1x_2 + 9x_3 &= 0 \end{aligned}$$

Lösung: Gauß-Elimination

(2)	-1	1	-1
1	2	8	1
3	1	9	0

2	-1	1	-1
*	$\frac{5}{2}$ (circled)	$\frac{15}{2}$	$\frac{3}{2}$
*	$\frac{5}{2}$	$\frac{15}{2}$	$\frac{3}{2}$

2	-1	1	-1
*	$\frac{5}{2}$	$\frac{15}{2}$	$\frac{3}{2}$
*	*	0	0

Das zugehörige dreieckige Gleichungssystem:

$$\begin{aligned} 2x_1 - 1x_2 + 1x_3 &= -1 \\ \tfrac{5}{2}x_2 + \tfrac{15}{2}x_3 &= \tfrac{3}{2} \\ 0x_3 &= 0 \end{aligned}$$

Die letzte Zeile $0 \cdot x_3 = 0$ ist für jedes beliebige x_3 erfüllt, setze $x_3 = \alpha$ (beliebig).

Einsetzen in die 2.Zeile ergibt $\frac{5}{2}x_2 + \frac{15}{2} \cdot \alpha = \frac{3}{2}$, also
$x_2 = \frac{3}{5} - 3\alpha$

Einsetzen in die 1.Zeile ergibt $2x_1 - (\frac{3}{5} - 3\alpha) + \alpha = -1$, also
$x_1 = -\frac{1}{5} - 2\alpha$.

Bemerkung 1: Ein Gleichungssystem, das nicht quadratische Form hat, d.h. die Anzahl der Unbekannten (Anzahl der Spalten) verschieden ist von der Anzahl der Glei= chungen (Anzahl der Zeilen), kann man durch Auffüllen von Nullen zu einem quadratischen Glei= chungssystem machen (siehe folgendes Beispiel).

Beispiel 17.2.3:

$$x_1+2x_2+x_3+3x_4=4$$
$$2x_1+x_2+3x_3+2x_4=1$$
$$6x_2-2x_3+8x_4=14$$

Lösung: Das Gleichungssystem hat 3 Gleichungen und 4 Unbekannte.

Einführung einer 4.Gleichung: $0x_1+0x_2+0x_3+0x_4=0$

Gauß-Elimination:

(1)	2	1	3	4
2	1	3	2	1
0	6	-2	8	14
0	0	0	0	0

1	2	1	3	4
*	(-3)	1	-4	-7
*	6	-2	8	14
*	0	0	0	0

1	2	1	3	4
*	-3	1	-4	-7
*	*	0	0	0
*	*	0	0	0

1	2	1	3	4
*	-3	1	-4	-7
*	*	0	0	0
*	*	*	0	0

Die letzte Gleichung $0\cdot x_4=0$ ist für beliebige x_4 erfüllt; setze $x_4=\alpha$ (beliebig).

Einsetzen in die 3.Gleichung liefert $0\cdot x_3+0\alpha=0$, sie ist für beliebige x_3 erfüllt; setze $x_3=\beta$.

Einsetzen in die 2.Gleichung liefert $-3x_2+1\cdot\beta-4\alpha=-7$, also $x_2=\frac{7}{3}-\frac{4}{3}\alpha+\frac{1}{3}\beta$.

Einsetzen in die 1.Gleichung liefert $1x_1+2(\frac{7}{3}-\frac{4}{3}\alpha+\frac{1}{3}\beta)+\beta+3\alpha$ $x_1=-\frac{2}{3}-\frac{1}{3}\alpha-\frac{5}{3}\beta$.

Beispiel 17.2.4: Für welche reellen Werte λ besitzt folgendes Gleichungssystem Lösungen? Man berechne sie gegebenenfalls.

$$x_1-3x_2-2x_3=-4$$
$$7x_1+9x_2+x_3=20$$
$$3x_1+x_2+\lambda x_3=3$$

①	-3	-2	-4
7	9	1	20
3	1	λ	3

1	-3	-2	-4
	㉚	15	48
	10	$\lambda+6$	15

1	-3	-2	-4
	30	15	48
		$\lambda+1$	-1

Die letzte Zeile $(\lambda+1)x_3=-1$ liefert genau dann einen Widerspruch wenn $\lambda=-1$ ist; in diesem Falle hat das System keine Lösung. In jedem anderen Fall $\lambda\neq -1$ liefert die letzte Gleichung $x_3=-\frac{1}{1+\lambda}$.

Einsetzen in die 2. Gleichung liefert $x_2=\frac{21+16\lambda}{10(1+\lambda)}$

Einsetzen in die 1. Gleichung liefert $x_1=\frac{3+8\lambda}{10(1+\lambda)}$

Bemerkung 2: Die Lösung von $A\cdot\vec{x}=\vec{b}$ und die Lösung von $A\cdot\vec{x}=\vec{c}$ (bei gleicher Matrix A und verschiedenen rechten Seiten $\vec{b}$ und $\vec{c}$) kann man mit dem Gauß-Algorithmus simultan berechnen.

Beispiel 17.2.5: Man bestimme die Lösungen von $A\vec{x}=\vec{b}$ und $A\vec{x}=\vec{c}$ mit

$$A=\begin{pmatrix}1&1&1&9\\0&1&2&8\\-3&0&1&-7\\4&0&-2&8\end{pmatrix} \text{ und } \vec{b}=\begin{pmatrix}8\\7\\9\\-8\end{pmatrix} \text{ und } \vec{c}=\begin{pmatrix}1\\2\\3\\4\end{pmatrix}$$

Lösung:

Gauß-Elimination mit 2 rechten Seiten

A				b	c
1	1	1	9	8	1
0	1	2	8	7	2
-3	0	1	-7	9	3
4	0	-2	8	-8	4

1	1	1	9	8	1
*	1	2	8	7	2
*	3	4	20	33	6
*	-4	-6	-28	-40	0

1	1	1	9	8	1
*	1	2	8	7	2
*	*	-2	-4	12	0
*	*	2	4	-12	8

1	1	1	9	8	1
*	1	2	8	7	2
*	*	-2	-4	12	0
*	*	*	0	0	8

Lösung von $A\vec{x} = \vec{b}$

$$\begin{aligned} x_1+x_2+x_3+9x_4&=8\\ x_2+2x_3+8x_4&=7\\ -2x_3-4x_4&=12\\ 0x_4&=0 \end{aligned}$$

Daraus folgt: $x_4 = \lambda$ beliebig, $x_3 = -6-2\lambda$, $x_2 = 19-4\lambda$, $x_1 = -5-3\lambda$

Lösung von $A\vec{x} = \vec{c}$

$$\begin{aligned} x_1+x_2+x_3+9x_4&=1\\ x_2+2x_3+8x_4&=2\\ -2x_3-4x_4&=0\\ 0x_4&=8 \end{aligned}$$

Die letzte Gleichung $0\cdot x_4 = 8$ ist ein Widerspruch, folglich hat dieses Gleichungssystem keine Lösung.

Bemerkung 3: Bei einer Variante der Gauß-Elimination, der "Gauß-Elimination mit Spaltenpivotsuche" sucht man bei jedem Eliminationsschritt in der Stufe Aa) in der vordersten Spalte das absolut größte Element (Pivotelement) und tauscht die zugehörige Zeile mit der obersten Zeile. An den übrigen Rechenvorschriften ändert sich nichts.

17.3 Determinante und Rang einer Matrix

Die Determinante einer Matrix kann wie folgt berechnet werden. Man führt das Gauß-Eliminationsverfahren durch und bildet das Produkt der Diagonalelemente des erhaltenen dreieckigen Schemas. Hat man keine (oder eine gerade Anzahl von) Zeilenvertauschungen vorgenommen, so ist dieses Produkt gleich der Determinanten. (Wurde eine ungerade Anzahl von Zeilenvertauschungen vorgenommen, so ist das Produkt noch mit -1 zu multiplzieren.)
Der Rang einer Matrix (oder eines Gleichungssystems) ist die Anzahl der von Null verschiedenen Diagonalelemente im erhaltenen dreieckigen Schema.

Beispiel 17.3.1: Man bestimme die Determinante der Matrix

$$A = \begin{pmatrix} 1 & -3 & -2 \\ 7 & 9 & 1 \\ 3 & 1 & 0 \end{pmatrix}.$$

Lösung:
Gauß-Elimination

(1)	-3	-2
7	9	1
3	1	0

1	-3	-2
*	30	15
*	10	6

1	-3	-2
*	30	15
*	*	1

Das Produkt der Diagonalelemente des erhaltenen dreieckigen Schemas ist $1 \cdot 30 \cdot 1 = 30$; es wurden keine Zeilenvertauschungen vorgenommen; also ist $\det(A) = 1 \cdot 30 \cdot 1 = 30$.

Beispiel 17.3.2: Man bestimme die Determinante der zum Gleichungs=system aus Beispiel 17.1.1 gehörenden Matrix

$$A = \begin{pmatrix} 1 & -2 & -3 & 2 \\ -2 & 4 & 8 & -5 \\ 3 & -4 & -5 & 4 \\ 1 & 2 & 1 & 2 \end{pmatrix}$$

<u>Lösung:</u>

Bei der Gauß-Elimination erhält man wie dort (hier ohne rechte Seite) aus

1	-2	-3	2
-2	4	8	-5
3	-4	-5	4
1	2	1	2

das dreieckige Schema

1	-2	-3	2
	2	4	-2
		2	-1
			2

Das Produkt der Diagonalelemente ist gleich $1 \cdot 2 \cdot 2 \cdot 2 = 8$

Es wurde ein Zeilentausch vorgenommen.

Also ist $\det(A) = (-1) \cdot 1 \cdot 2 \cdot 2 \cdot 2 = -8$

<u>Beispiel 17.3.3:</u> Man bestimme den Rang der Matrix von Beispiel 17.2.3.

$$\begin{pmatrix} 1 & 2 & 1 & 3 \\ 2 & 1 & 3 & 2 \\ 0 & 6 & -2 & 8 \end{pmatrix}$$

<u>Lösung:</u> Auffüllen von Nullen liefert das quadratische Schema

1	2	1	3
2	1	3	2
0	6	-2	8
0	0	0	0

Gauß-Elimination führt auf das dreieckige Schema

1	2	1	3
	-3	1	-4
		0	0
			0

Dieses Schema hat 2 von Null verschiedene Diagonaleleme[nte].
Also ist $\mathrm{Rang}(A) = 2$.

<u>Bemerkung:</u> Zur Berechnung der Determinante einer Matrix gibt es noch andere Möglichkeiten, die Ausgangsmatrix auf Dreiecksgestalt zu überführen. Man kann zu einer Zeile das Vielfache einer anderen Zeile addieren (oder sub= trahieren). Man kann zu einer Spalte das Vielfache einer anderen Spalte addieren (oder subtrahieren).

17.4 Die Inverse einer Matrix

Zu einer Matrix A kann man die Inverse A^{-1} wie folgt bestimmen: Man löst das Gleichungssystem $A\vec{x} = \vec{b}$ simultan für die n rechten Seiten

$$\vec{b}_1 = \begin{pmatrix} 1 \\ 0 \\ 0 \\ \cdot \\ \cdot \\ \cdot \\ 0 \end{pmatrix}, \quad \vec{b}_2 = \begin{pmatrix} 0 \\ 1 \\ 0 \\ \cdot \\ \cdot \\ \cdot \\ 0 \end{pmatrix}, \quad \ldots\ldots, \quad \vec{b}_n = \begin{pmatrix} 0 \\ 0 \\ \cdot \\ \cdot \\ \cdot \\ 0 \\ 1 \end{pmatrix}$$

Anordnung der n-zugehörigen Lösungen als Spaltenvektoren in einer Matrix A^{-1}. (Wenn für eine dieser rechten Seiten das Gleichungs= system nicht lösbar ist, dann gibt es keine Inverse.)

Beispiel 17.4.1: Man bestimme die Inverse der Matrix $A = \begin{pmatrix} 1 & 2 & 3 \\ 3 & 4 & 7 \\ 2 & 2 & 3 \end{pmatrix}$

Lösung:

1	2	3	1	0	0
3	4	7	0	1	0
2	2	3	0	0	1

1	2	3	1	0	0
	-2	-2	-3	1	0
	-2	-3	-2	0	1

1	2	3	1	0	0
	-2	-2	-3	1	0
		-1	1	-1	1

Lösung von $A\vec{x} = \vec{b}_1$:

$$\begin{aligned} x_1+2x_2+3x_3&=1 \\ -2x_2-2x_3&=-3 \\ -x_3&=1 \end{aligned}$$

also: $x_3 = -1$, $x_2 = \frac{5}{2}$, $x_1 = -1$

Lösung von $A\vec{x} = \vec{b}_2$:

$$\begin{aligned} x_1+2x_2+3x_3&= 0 \\ -2x_2-2x_3&= 1 \\ -x_3&= -1 \end{aligned}$$

also: $x_3 = 1$, $x_2 = -\frac{3}{2}$, $x_1 = 0$

Lösung von $A\vec{x} = \vec{b}_3$:

$$\begin{aligned} x_1+2x_2+3x_3&= 0 \\ -2x_2-2x_3&= 0 \\ -x_3&= 1 \end{aligned}$$

also: $x_3 = -1$, $x_2 = 1$, $x_1 = 1$

Anordnung der 3 zugehörigen Lösungen als Spaltenvektoren in einer Matrix ergibt

$$A^{-1} = \begin{pmatrix} -1 & 0 & -1 \\ \frac{5}{2} & -\frac{3}{2} & 1 \\ -1 & 1 & 1 \end{pmatrix}$$

17.5 Dreieckszerlegung einer Matrix

Muß man bei der Gauß-Elimination für die Matrix A keine Zeilen=vertauschungen vornehmen, dann läßt sich A als Produkt zweier Dreiecksmatrizen schreiben: A = L·R , dabei ist

$$L = \begin{pmatrix} 1 & & & \\ * & 1 & & \\ \vdots & & \ddots & \\ * & \cdots & * & 1 \end{pmatrix} \qquad R = \begin{pmatrix} * & \cdots & \cdots & * \\ & \ddots & & \vdots \\ & & \ddots & \vdots \\ & & & * \end{pmatrix}$$

L = eine untere Dreiecksmatrix, R = eine obere Dreiecksmatrix .

Muß man bei der Gauß-Elimination Zeilenvertauschungen vornehmen, s läßt sich die Matrix A_p , die aus der Matrix A durch entsprechende Zeilenvertauschungen entsteht, als A_p= L·R schreiben. Die Dreiecks matrix R steht im Endschema des Gauß-Eliminationsalgorithmus. Die Dreiecksmatrix L hat in der Diagonalen Einsen. Ihre restlichen Elemente im unteren Dreieck berechnet man spaltenweise in jedem Eliminationsschritt. Während man beim Gauß-Eliminationsalgorithmus im Schritt A.b) in die vorderste Spalte nichts eingetragen hat, so wird jetzt die vorderste Spalte umgerechnet nach der Regel:
" Das was dasteht dividiert durch was oben steht◯. "

Beispiel 17.5.1:

$$A = \begin{pmatrix} 3 & 6 & 9 \\ 1 & -2 & 1 \\ 1 & 4 & 7 \end{pmatrix}$$

(3)	6	9
1	-2	1
1	4	7

3	6	9
$\frac{1}{3}$	(-4)	-2
$\frac{1}{3}$	2	4

3	6	9
$\frac{1}{3}$	-4	-2
$\frac{1}{3}$	$-\frac{1}{2}$	3

Man hat somit die Dreieckszerlegung A = L·R , also

$$\begin{pmatrix} 3 & 6 & 9 \\ 1 & -2 & 1 \\ 1 & 4 & 7 \end{pmatrix} = \begin{pmatrix} 1 & & \\ \frac{1}{3} & 1 & \\ \frac{1}{3} & -\frac{1}{2} & 1 \end{pmatrix} \cdot \begin{pmatrix} 3 & 6 & 9 \\ & -4 & -2 \\ & & 3 \end{pmatrix} .$$

Bemerkung: Hat man die Dreieckszerlegung A = L·R berechnet, so kann man die Lösung $\vec{x}$ des Gleichungssystems $A\,\vec{x} = \vec{b}$ erhalten, wenn man das dreieckige Glei= chungssystem $L\,\vec{y} = \vec{b}$ löst und mit dieser gefun= denen Lösung $\vec{y}$ als rechte Seite das dreieckige Gleichungssystem $R\cdot\vec{x} = \vec{y}$ löst.

Aufgaben: 17.1 - 17.21

18. Matrizenrechnung, Eigenwerte

18.1 Das Produkt zweier Matrizen

Für zwei Matrizen A und B wird das Produkt A·B = C nach der Regel " Zeile mal Spalte " gebildet:

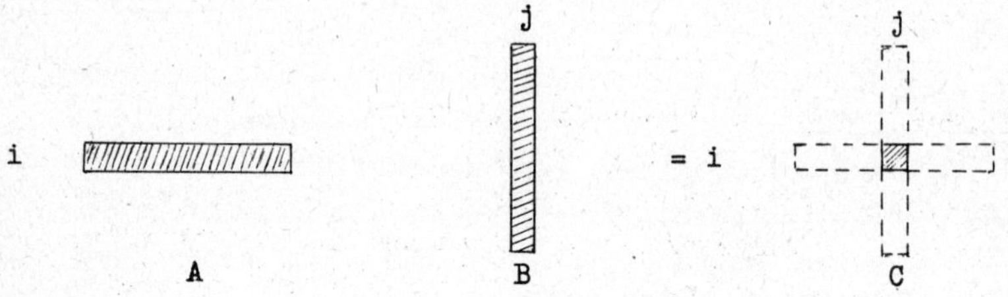

Zweckmäßig ist das folgende Rechenschema

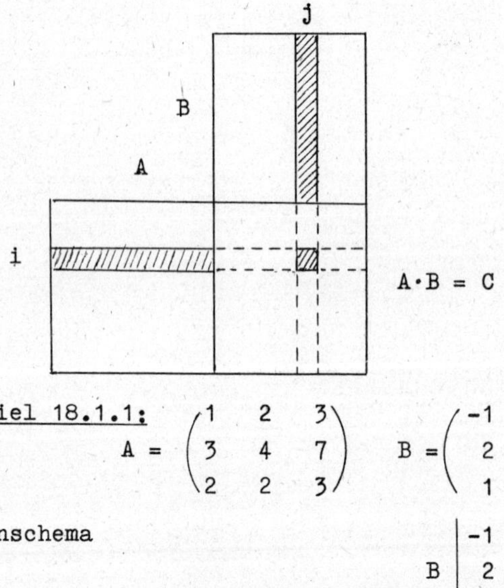

Beispiel 18.1.1:

$$A = \begin{pmatrix} 1 & 2 & 3 \\ 3 & 4 & 7 \\ 2 & 2 & 3 \end{pmatrix} \qquad B = \begin{pmatrix} -1 & 2 & 0 \\ 2 & -2 & 1 \\ 1 & 0 & 1 \end{pmatrix}$$

Rechenschema

			-1	2	0	
		B	2	-2	1	
	A		1	0	1	
1	2	3				
3	4	7				A B = C
2	2	3				

" i-te Zeile von A mal j-te Spalte von B ergibt das Element, das in der i-ten Zeile und der j-ten Spalte von C steht ".

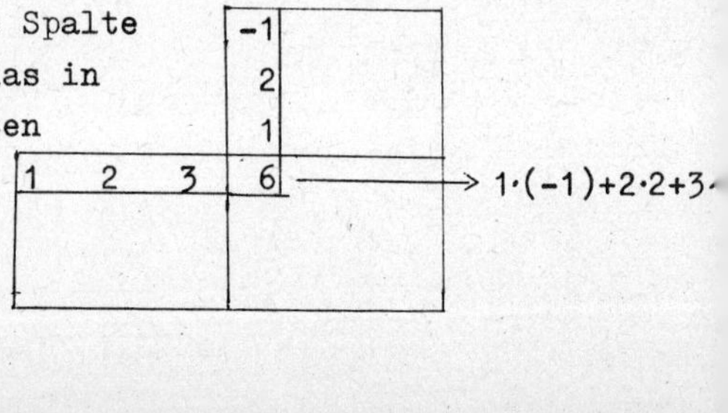

Rechenbeispiel:

i = 1 , j = 1

$i = 2, \; j = 3$

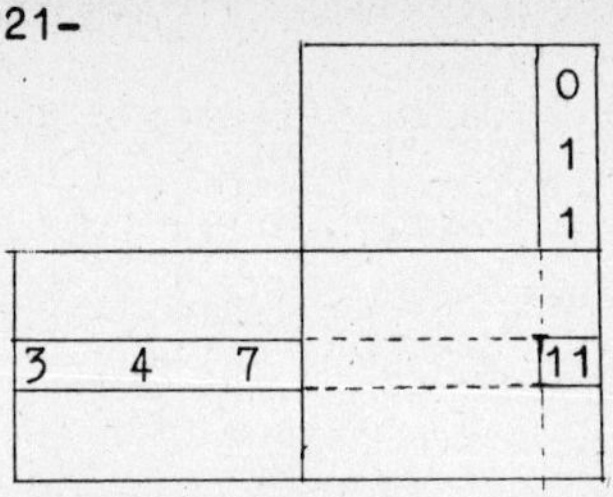

$3 \cdot 0 + 4 \cdot 1 + 7 \cdot 1 = 11$

Insgesamt erhält man

			-1	2	0
		B	2	-2	1
	A		1	0	1
1	2	3	6	-2	5
3	4	7	12	-2	11
2	2	3	5	0	5

$C = A \cdot B$

Bemerkung 1: Das Produkt $A \cdot B$ zweier Matrizen A und B kann man immer dann bilden, wenn die Zeilen von A genau so viele Elemente enthalten, wie die Spalten von B. (Sonst geht es nicht!)

Bemerkung 2: Das Produkt $A \cdot B$ ist i.a. verschieden vom Produkt $B \cdot A$!

Bemerkung 3: Für das Produkt $A \cdot B$ gilt:

a) $\det(A \cdot B) = \det(A) \cdot \det(B)$

b) $(A \cdot B)^{-1} = B^{-1} \cdot A^{-1}$.

18.2 Eigenwerte und Eigenvektoren

Die Eigenwerte einer $n \times n$-Matrix sind die Lösungen der Gleichung

$$\det(A - \lambda I) = 0$$

genannt " charakteristisches Polynom ", ausgeschrieben:

$$\det \begin{pmatrix} a_{11}-\lambda & a_{12} & a_{13} & \cdot & \cdot & \cdot & a_{1n} \\ a_{21} & a_{22}-\lambda & a_{23} & \cdot & \cdot & \cdot & a_{2n} \\ a_{31} & a_{32} & a_{33}-\lambda & & & & a_{3n} \\ \cdot & \cdot & & & & & \cdot \\ \cdot & \cdot & & & & & \cdot \\ \cdot & \cdot & & & & & \cdot \\ a_{n1} & a_{n2} & a_{n3} & \cdot & \cdot & \cdot & a_{nn}-\lambda \end{pmatrix} = 0$$

Die Eigenvektoren der Matrix A zu einem Eigenwert λ von A sind die Lösungen $\vec{x}$ des Systems

$$(A - \lambda I)\vec{x} = \vec{0}$$

oder ausgeschreiben:

$$\begin{pmatrix} a_{11}-\lambda & a_{12} & a_{13} & \cdots & a_{1n} \\ a_{21} & a_{22}-\lambda & a_{23} & \cdots & a_{2n} \\ a_{31} & a_{32} & a_{33}-\lambda & \cdots & a_{3n} \\ \vdots & \vdots & & & \vdots \\ a_{n1} & a_{n2} & a_{n3} & \cdots & a_{nn}-\lambda \end{pmatrix} \begin{pmatrix} x_1 \\ x_2 \\ x_3 \\ \vdots \\ x_n \end{pmatrix} = \begin{pmatrix} 0 \\ 0 \\ 0 \\ \vdots \\ 0 \end{pmatrix}$$

Zur Berechnung kann man wieder den Gauß'schen Eliminationsalgorit[h] heranziehen.

Beispiel 18.2.1: Man bestimme die Eigenwerte und die Eigenvekto[ren] der Matrix

$$A = \begin{pmatrix} 1 & 0 & 5 \\ 0 & 1 & 1 \\ 1 & 1 & 0 \end{pmatrix}$$

Lösung:

Betrachtet wird die Matrix $(A - \lambda I) = \begin{pmatrix} 1-\lambda & 0 & 5 \\ 0 & 1-\lambda & 1 \\ 1 & 1 & -\lambda \end{pmatrix}$

Schema für die Gauß-Elimination

$1-\lambda$	0	5
0	$1-\lambda$	1
1	1	$-\lambda$

$1-\lambda$	0	5
	$1-\lambda$	1
	1	$-\lambda - \frac{5}{1-\lambda}$

$1-\lambda$	0	5
	$1-\lambda$	1
		$-\lambda - \frac{6}{1-\lambda}$

Eigenwerte:

$\det(A - \lambda I)\vec{x}$ = Produkt der Diagonalelemente =

$$= (1-\lambda)(1-\lambda)\left(-\lambda - \frac{6}{1-\lambda}\right) = (1-\lambda)(\lambda^2 - \lambda - 6)$$

Lösungen von $\det(A - \lambda I) = 0$, d.i. $(1-\lambda)(\lambda^2 - \lambda - 6) = 0$:

$\lambda_1 = 1$, $\lambda^2 - \lambda - 6 = 0$, $\lambda_{2,3} = \frac{1}{2} \pm \sqrt{\frac{1}{4} + \frac{24}{4}} = \frac{1}{2} \pm \frac{5}{2}$; $\lambda_2 = 3$, $\lambda_3 = -2$.

Eigenvektoren:

Zu $\lambda = \lambda_1 = 1$: Lösen des Gleichungssystems $(A - \lambda_1 I)\vec{x} = 0$

Einsetzen von $\lambda_1 = 1$ in das Endschema der Gauß-Elimination:

$$\left[\begin{array}{ccc|c} 0 & 0 & 5 & 0 \\ & 0 & 1 & 0 \\ & & -\infty & 0 \end{array}\right]$$

Aus diesem Endschema kann die Lösung $\vec{x}$ nicht entnommen werden, da der Wert ∞ auftritt - bei der Gauß-Elimination wurde für $\lambda = 1$ durch Null dividiert. Die Gauß-Elimination muß also für $\lambda = 1$ gesondert durchgeführt werden: $(A - 1\,I) = 0$, d.h.:

$$\left[\begin{array}{ccc|c} 0 & 0 & 5 & 0 \\ 0 & 0 & 1 & 0 \\ 1 & 1 & -1 & 0 \end{array}\right]$$

Vertauschen von 1. und 3. Zeile:

$$\left[\begin{array}{ccc|c} 1 & 1 & -1 & 0 \\ 0 & 0 & 1 & 0 \\ 0 & 0 & 5 & 0 \end{array}\right]$$

zugehörige Lösung: $x_3 = 0$, $x_2 = \alpha$, $x_1 = -\alpha$.

also Eigenvektoren zu $\lambda_1 = 1$ $\qquad \vec{x} = \alpha \begin{pmatrix} -1 \\ 1 \\ 0 \end{pmatrix}$

Zu $\lambda = \lambda_2 = 3$: Lösen des Gleichungssystems $(A - \lambda_2 I)\vec{x} = 0$

Einsetzen von $\lambda_2 = 3$ in das Endschema der Gauß-Elimination:

$$\left[\begin{array}{ccc|c} -2 & 0 & 5 & 0 \\ & -2 & 1 & 0 \\ & & 0 & 0 \end{array}\right]$$

zugehörige Lösung: $x_3 = \alpha$, $x_2 = \frac{1}{2}\alpha$, $x_1 = \frac{5}{2}\alpha$.

also Eigenvektoren zu $\lambda_2 = 3$ $\qquad \vec{x} = \alpha \begin{pmatrix} \frac{5}{2} \\ \frac{1}{2} \\ 1 \end{pmatrix}$

Zu $\lambda = \lambda_3 = -2$: Lösen des Gleichungssystems $(A - \lambda_3 I)\vec{x} = 0$

Einsetzen von $\lambda_3 = -2$ in das Endschema der Gauß-Elimination

$$\left[\begin{array}{ccc|c} 3 & 0 & 5 & 0 \\ & 3 & 1 & 0 \\ & & 0 & 0 \end{array}\right]$$

zugehörige Lösung: $x_3 = \alpha$, $x_2 = -\frac{1}{3}\alpha$, $x_1 = -\frac{5}{3}\alpha$.

also Eigenvektoren zu $\lambda_3 = -2$ $\qquad \vec{x} = \alpha \begin{pmatrix} -\frac{5}{3} \\ -\frac{1}{3} \\ 1 \end{pmatrix}$

<u>Beispiel 18.2.2:</u> Man bestimme die Eigenwerte und Eigenvektoren der Matrix

$$A = \begin{pmatrix} 0 & -1 & -1 \\ 0 & 1 & 0 \\ 1 & 1 & 2 \end{pmatrix}$$

<u>Lösung:</u>

Betrachtet wird die Matrix $(A - \lambda I) = \begin{pmatrix} -\lambda & -1 & -1 \\ 0 & 1-\lambda & 0 \\ 1 & 1 & 2-\lambda \end{pmatrix}$

Schema für die Gauß-Elimination:

$-\lambda$	-1	-1
0	$1-\lambda$	0
1	1	$2-\lambda$

$-\lambda$	-1	-1
	$1-\lambda$	0
	$1-\frac{1}{\lambda}$	$2-\lambda-\frac{1}{\lambda}$

$-\lambda$	-1	-1
	$1-\lambda$	0
		$2-\lambda-\frac{1}{\lambda}$

Eigenwerte: $\det(A - \lambda I) = -\lambda(1-\lambda)(2-\lambda-\frac{1}{\lambda}) = 0$, d.i.,

$(1-\lambda)(\lambda^2 - 2\lambda + 1) = 0$, also

$\lambda_1 = 1, \quad (\lambda^2 - 2\lambda + 1) = (\lambda - 1)^2 \Rightarrow \lambda_2 = \lambda_3 = 1$

($\lambda = 1$ ist dreifacher Eigenwert von A)

Eigenvektoren:

Zum dreifachen Eigenwert $\lambda = 1$: Lösen des Gleichungssystems

$$(A - \lambda I)\vec{x} = 0$$

Einsetzen von $\lambda = 1$ in das Endschema der Gauß-Elimination:

-1	-1	-1	0
	0	0	0
		0	0

zugehörige Lösung: $x_3 = \alpha$, $x_2 = \beta$, $x_1 = -\alpha - \beta$,

also Eigenvektoren zu $\lambda = 1$ $\quad \vec{x} = \alpha\begin{pmatrix} -1 \\ 0 \\ 1 \end{pmatrix} + \beta\begin{pmatrix} -1 \\ 1 \\ 0 \end{pmatrix}$

Aufgaben: 18.1 - 18.5

II. Aufgaben aus Diplomvorprüfungen in Mathematik für Elektrotechniker an der TH Darmstadt

1.1: Man beweise durch vollständige Induktion

$$\sum_{\nu=1}^{n} \frac{x^{(2^{\nu-1})}}{1-x^{(2^{\nu})}} = \frac{1}{1-x} - \frac{1}{1-x^{(2^n)}}, \quad x \neq 1, \quad n = 1, 2, 3, \ldots$$

(Herbst (H)70)

1.2: Man zeige durch vollständige Induktion

$$1\cdot 5^0 + 2\cdot 5^1 + 3\cdot 5^2 + 4\cdot 5^3 + \ldots + n\cdot 5^{n-1} = \frac{1}{16}(1 + (4n-1)5^n)$$

(H 72)

1.3: Beweisen Sie die Ungleichung für alle natürlichen Zahlen n:

$$\exp\left(1 + \frac{1}{2} + \frac{1}{3} + \ldots + \frac{1}{n}\right) > n + 1$$

(H 73)

1.4: Man beweise durch vollständige Induktion:

$$\frac{1}{1\cdot 4} + \frac{1}{4\cdot 7} + \ldots + \frac{1}{(3n-2)\cdot(3n+1)} = \frac{n}{3n+1}$$

(Frühjahr (F)74)

1.5: Man zeige, daß $\sum_{n=1}^{N}(3n^2 - 3n + 1) = N^3$ für alle natürlichen Zahlen N gilt. Man begründe, daß $N^3 - N$ immer durch 3 teilbar ist. (H 76)

1.6: Durch vollständige Induktion beweise man, daß für die n-te Ableitung der Funktion $f(x) = x\cdot\sin x$ gilt:

$$f^{(n)}(x) = x\cdot\sin\left(x + n\frac{\pi}{2}\right) + n\cdot\sin\left(x + (n-1)\frac{\pi}{2}\right).$$

(F 77)

2.1: Gegeben ist eine Folge positiver reeller Zahlen. Die Folge ist folgendermaßen rekursiv definiert:

$$3a_{n+2}^2 = a_n(2a_{n+1} + 4) + 5 \quad \text{mit } a_0 = 0 \text{ und } a_1 = 1 .$$

a) Man zeige mit vollständiger Induktion:

α) Die Folge ist monoton wachsend.

ß) Die Folge ist beschränkt ($a_k \leq 5$).

b) Besitzt die Folge einen Grenzwert? Man berechne gegebenenfalls diesen Grenzwert.

(F 73)

2.2: Eine Zahlenfolge $\{a_n\}$ ist rekursiv definiert durch

$$a_n = \frac{2}{3} a_{n-1} + \frac{1}{3^n}, \quad n = 1, 2, \ldots, \text{ mit } a_0 = 1 .$$

a) Man zeige: $\{a_n\}$ ist monoton nichtsteigend (Induktionsbewei und nach unten beschränkt.

b) Ist die Folge konvergent? Wenn ja, gegen welchen Grenzwer

(H 74)

2.3: Es sei r eine positive reelle Zahl und $\{a_n\}$ die durch die Rekursionsvorschrift

$$a_{n+1} = \frac{a_n^2}{r} + \frac{r}{4}, \quad a_1 = 0$$

gegebene Zahlenfolge.

a) Man zeige durch vollständige Induktion:

α) Die Folge ist monoton wachsend.

ß) Die Folge besitzt die obere Schranke $\frac{r}{2}$.

b) Ist die Folge konvergent? Wenn ja, wie lautet der Grenzw

(F 75)

2.4: Eine Zahlenfolge $\{a_n\}$ sei rekursiv definiert durch

$$a_0 = 100, \quad a_n = 2\sqrt{a_{n-1}} - 1, \quad n = 1, 2, 3, \ldots .$$

a) Zeigen Sie durch vollständige Induktion, daß die Folge monoton fällt und die Zahl 1 untere Schranke der Fol= ge ist.

b) Ist die Folge konvergent? Wenn ja, wie lautet der Grenzwert? (H 75)

2.5: Eine Zahlenfolge $a_1, a_2, a_3, \ldots$ sei rekursiv definiert durch $a_1 = 0$, $a_{n+1} = \frac{a_n^2}{4} + 1$, $n = 1, 2, 3, \ldots$.

a) Zeigen Sie durch vollständige Induktion, daß die Folge m ton wächst und die Zahl 2 obere Schranke der Folge ist.

b) Ist die Folge konvergent? Wenn ja, wie lautet der Grenzw

(F 76)

3.1: Man untersuche folgende Reihen auf ihr Konvergenzverhalten:

a) $\sum_{n=1}^{\infty} \left(\frac{4n^3+2n}{7n^3+3n^2+1}\right)^n$ b) $\sum_{n=1}^{\infty} \frac{1}{2n + n \cdot \sin n}$ c) $\sum_{n=2}^{\infty} \frac{\sin(n\pi/2)}{\ln n}$

(H 70)

3.2: a) Man beweise durch vollständige Induktion

$$\frac{1}{1\cdot 3} + \frac{1}{3\cdot 5} + \frac{1}{5\cdot 7} + \ldots + \frac{1}{(2n-1)(2n+1)} = \frac{n}{2n+1}$$

b) Man berechne $\sum_{n=1}^{\infty} \frac{1}{(2n-1)(2n+1)}$

(F 71)

3.3: Untersuchen Sie die folgende Reihe auf Konvergenz:

$$\sum_{n=1}^{\infty} (-1)^n \frac{1}{n} \sin \frac{200}{n}$$

(F 74)

3.4: Gegeben ist die Reihe

$$\sum_{n=2}^{\infty} \frac{1}{n(\ln n)^s}, \quad s \in \mathbb{R}$$

a) Man untersuche ihr Konvergenzverhalten für $s = -3$ und $s = 2$.

b) Man untersuche ihr Konvergenzverhalten für s, $s \in \mathbb{R}$.

(B,F 72)

4.1: Man berechne durch Reihenentwicklung einen Näherungswert für das bestimmte Integral

$$\int_0^1 \frac{1-e^{-x^2}}{x^2}\,dx$$

Der absolute Fehler soll dabei kleiner als 0,01 sein.

(H 70)

4.2: a) Es sei $S_n = \frac{1}{n^2} + \frac{2}{n^2} + \frac{3}{n^2} + \; . \; . \; . + \frac{n}{n^2}$, $n \in \mathbb{N}$.

Man zeige $\lim_{n\to\infty} S_n = \frac{1}{2}$.

b) Es sei $0<|a|<1$ und $0<|b|<1$. Man untersuche das Konvergenzverhalten der Reihe

$$a+b+a^2+b^2+a^3+b^3+\ . \ . \ . \quad .$$

c) Man bestimme den Konvergenzradius der Potenzreihe

$$\sum_{n=2}^{\infty} \frac{2^{3n-1}\cdot n^3}{(n^2-1)5^n}\, x^n$$

(F 71)

4.3: Man bestimme die Konvergenzradien der Potenzreihen

a) $\sum_{n=1}^{\infty} \left(\frac{1}{a}\right)^n \left(1+\frac{1}{n}\right)^{(n^2)} z^n \quad , \quad a>0$

b) $\sum_{n=0}^{\infty} \frac{(3n)!}{(n!)^3}\, z^n$

c) Gegeben ist die Folge $S_n = \frac{2^0}{3^n} + \frac{2^1}{3^n} + \frac{2^2}{3^n} + \ . \ . \ . \ + \frac{2^n}{3^n}$.

Man berechne $\lim_{n\to\infty} S_n$. Dazu bestimme man die geschlossene Summenformel für S_n.

(H 72)

4.4: Gegeben sei die Funktion $f(x) = \ln(2+x^2)$.

a) Man entwickle f in eine Potenzreihe um $x_0 = 0$ und gebe deren Konvergenzradius an.

b) Man bestimme die Taylorentwicklung von f(x) um die Entwicklungsstelle $x_0 = 2$ bis zum quadratischen Term einschließlich.
Man gebe eine grobe Restgliedabschätzung für diese Näherung von f für das Intervall $2 \leq x \leq 3$ an.
Man berechne die Näherung für $x = 3$ und gebe den Bereich an, in dem der exakte Wert von f(3) liegt.
(Man benötigt $\ln 6 \approx 1{,}7918$.)

(F 73)

4.5: a) Konvergiert die Reihe $\sum_{n=1}^{\infty} \frac{n}{n^2 e^n + (\cos n)^2}$? Begründung !

b) Man bestimme die Konvergenzradien der Potenzreihen

$\alpha) \sum_{n=1}^{\infty} \left(\frac{4n^2+2}{n^2(1-e^{-n})+3n+1}\right)^n z^{2n} \qquad z \in \mathbb{C}$

$\beta) \sum_{n=1}^{\infty} \frac{e^n}{n!n^n} z^n \qquad z \in \mathbb{C}$

(F 73)

4.6: Entwickeln Sie die Funktion $f(x) = \frac{x^2+x+1}{\cos x}$ an der Stelle $x_0 = 0$ in eine Potenzreihe bis zum Gliede mit x^4.

(H 73)

4.7: Man entwickle die Funktion $f(x) = \frac{x \cdot \sin x}{(\cos x) - 1}$ an der Stelle $x_0 = 0$ in eine Potenzreihe bis zum Gliede mit x^4.

(F 74)

4.8: a) Konvergiert die Reihe $\sum_{n=1}^{\infty} \frac{n^2}{ne^n + \sin^2 n}$? Begründung !

b) Man bestimme die Konvergenzradien der Potenzreihen

(i) $\sum_{n=100}^{\infty} \binom{n}{10} \left(\frac{x}{2}\right)^n \qquad$ (ii) $\sum_{n=1}^{\infty} 2^n \left(1 - \frac{1}{n^2}\right)^{n^3} x^n$

(H 74)

4.9: Stellen Sie die analytische Funktion $f(z) = \frac{iz}{2e^z}$ als Potenzreihe mit dem Entwicklungspunkt 0 dar und bestimmen Sie den Konvergenzradius.

(H 75)

4.10: Man entwickle die Funktion $f(x) = \frac{1}{(1-x)^2}$ in der Umgebung des Nullpunkts in eine Potenzreihe und zeige, daß sie für $|x| < 1$ die Funktion darstellt.

Hinweis: Zur Untersuchung des Restgliedes

$$R_n = f(x) - \sum_{\nu=0}^{n} (x - x_0)^\nu \frac{f^{(\nu)}(x_0)}{\nu!}$$

kann die Beziehung $\lim_{n\to\infty} n \cdot x^n = 0$ für $|x| < 1$ ohne Beweis verwendet werden.

(H 76)

4.11: a) Man berechne $(1-z)(1-\bar{z})$ für $z = re^{i\varphi}$, wobei $\bar{z}$ die zu z konjugiert komplexe Zahl ist.

b) Durch Potenzreihenentwicklung von

$$\log[(1-z)(1-\bar{z})] = \log(1-z) + \log(1-\bar{z})$$

zeige man unter Benutzung des Ergebnisses von a):

$$\frac{1}{2}\log(1 - 2r\cos\varphi + r^2) = -\sum_{n=1}^{\infty} \frac{r^n}{n} \cos n\varphi, \qquad 0 \leq r < 1$$

c) Man bestimme $\int_0^{\pi} \log(1-2r\cos\varphi + r^2)\,d\varphi$, $0 \leq r < 1$.

(B,F 72)

4.12: Man berechne durch Reihenentwicklung einen Näherungs= wert für das bestimmte Integral

$$I = \int_0^1 \frac{\sin(x^2)}{x}\,dx$$

Dabei soll der absolute Fehler von I kleiner als 10^{-3} sein. Man begründe jeweils die einzelnen Schritte.

(B,F 72)

4.13: a) Man finde die $z \in \mathbb{C}$, für die die Reihe

$$\sum_{n=0}^{\infty} (-1)^n (z^n + z^{n+2})$$

konvergiert und berechne die Reihensumme.

b) Man gebe den Konvergenzkreis (Skizze in der Gauß'schen Zahlenebene) der Reihe

$$\sum_{n=0}^{\infty} \frac{n(-1)^n (z-i)^n}{4^n (n^2+1)^{5/2}}$$

an.

(B,F 74)

5.1: Man berechne

a) $\lim\limits_{x\to 0} (e^x - 1)^x$, b) $\lim\limits_{x\to 0} \dfrac{\int_0^x \sin(t^3)dt}{x^4}$ (H 70)

5.2: Man berechne die Grenzwerte

a) $\lim\limits_{x\to 0} \dfrac{x + \int_x^{x^2} \cos t^2 dt}{x^2}$ b) $\lim\limits_{x\to\infty} e^x \mathrm{tg}(e^{-x})$

c) $\lim\limits_{x\to\infty} (1 + \frac{1}{n+1})^{5n}$, $n \in \mathbb{N}$. (F 71)

5.3: Man bestimme die Grenzwerte

a) $\lim\limits_{x\to 0} \dfrac{x^2 + \int_0^x \sin^2 t\, dt}{1 - \cos x}$ b) $\lim\limits_{x\to\infty} x(a^{\frac{1}{x}} - 1)$, $a > 0$. (H 72)

5.4: Bestimmen Sie den Grenzwert:

$$\lim_{\substack{x\to 0\\ x>0}} \frac{\sin ax^2}{x^2} \cdot x^{3x} \quad , \quad a > 0 .$$

(H 73)

5.5: a) Man berechne den Grenzwert $\lim\limits_{\substack{x\to 0\\ x>0}} x^x$.

b) Man bestimme jeweils den Konvergenzradius ϱ und den Mittelpunkt x_0 des Konvergenzintervalls der Potenz=reihen

(i) $\sum\limits_{n=0}^{\infty} \frac{1}{\mathrm{Cosh}\, n} x^n$, (ii) $\sum\limits_{n=1}^{\infty} (1 - \frac{1}{n})^{n^2} (1 - 2x + x^2)^n$. (F 75)

6.1: Gegeben ist die Funktion $f(x) = \frac{x^2 - 8x + 15}{2 - x}$

a) Man bestimme die Nullstellen von f(x). Man bestimme die Asymptoten von f(x). Hat f(x) relative Extremwerte? Man skizziere die Funktion.

b) Ist f(x) in $[0,2[$ stetig? Begründung.

(H 72)

6.2: Diskutieren Sie die Funktion $f(x) = (x^2-1)\cdot e^{-x^2}$ (Symmetrie, Nullstellen, Extrema, asymptotisches Verhalten, Skizze).

(H 73)

6.3: Diskutieren Sie die Funktion $f(x) = e^x \sin 2x$ (Nullstellen, Extrema, Symmetrie, asymptotisches Verhalten, Skizze).

(H 74)

6.4: Man diskutiere die reelle Funktion

$$f(x) = \frac{\sqrt{x^4 + 1}}{x}, \quad x > 0$$

a) Besitzt f(x) Nullstellen?

b) Man untersuche f(x) auf relative Extrema (Lage, Funktionswert und Typ).

c) Man bestimme sämtliche Asymptoten und skizziere die Funktion.

(H 74)

6.5: Gegeben sei die reelle Funktion

$$f(x) = \sin^2 x \cos x, \quad -\infty < x < \infty$$

a) Bestimmen Sie die lokalen Extrema von f(x) (Stelle, Funktionswert, Art).

b) Skizzieren Sie die Kurve von f(x) im kartesischen Koordinatensystem.

(H 75)

6.6: Gegeben sei die reelle Funktion

$$f(x) = \sin x \cos^2 x, \quad -\infty < x < \infty$$

a) Bestimmen Sie die lokalen Extrema von f(x) (Stelle, Funktionswert, Art).

b) Skizzieren Sie die Kurve von f(x) im kartesischen Koordinatensystem.
(Hinweis: $\operatorname{arc\,ctg}\sqrt{2} = 0{,}61\ldots$, $\sin(\operatorname{arc\,ctg}\sqrt{2}) = 0{,}57\ldots$, $\cos(\operatorname{arc\,ctg}\sqrt{2}) = 0{,}81\ldots$)

(F 76)

6.7: Für die Funktion $f(x) = \cos^3 x + \sin^3 x$ bestimme man auf dem Intervall $[-\pi, \pi]$ alle Nullstellen und Extremwerte, sowie deren Funktionswerte und fertige eine sorgfältige Skizze an.

(H 76)

6.8: Man bestimme die Nullstellen, Pole, waagerechten und senkrechten Asymptoten, Schnittpunkte der Kurve mit den waagerechten Asymtoten, lokalen Maxima und Minima der Funktion $f(x) = \frac{3x^2 - 6x + 3}{x^2 - x - 12}$ und fertige eine Skizze an.

(F 77)

6.9: Für $x \in \mathbb{R}$, $x > 0$ ist die Funktion $f(x) = \frac{e^x}{x^x}$ gegeben.

a) Man bestimme die Grenzwerte $\alpha = \lim\limits_{x \to 0} f(x)$ und $\beta = \lim\limits_{x \to \infty} f(x)$.

b) An welchen Stellen besitzt die Funktion relative Extremwerte? Man entscheide gegebenenfalls, ob es sich um ein Maximum bzw. Minimum handelt. Man skizziere den Funktionsverlauf.

c) Existiert das uneigentliche Integral $\int\limits_0^\infty \frac{e^x}{x^x}\,dx$?

Hinweis: Man betrachte z.B. die Reihe $\sum\limits_{n=1}^{\infty} (\frac{e}{n})^n$.

(B,H 71)

7.1: Man berechne

a) das unbestimmte Integral $\int \frac{5x}{x^3 + x^2 - 2}\, dx$ und

b) das bestimmte Integral $\int_{-1}^{0} \frac{5x}{x^3 + x^2 - 2}\, dx$.

(H 70)

7.2: Man berechne das unbestimmte Integral $\int \frac{a^x(2a^{2x} + 7a^x)}{a^{3x} + 3a^{2x} - 4}\, dx$
$a = \text{konstant} > 0$.

(F 71)

7.3: Man berechne das unbestimmte Integral

$$\int \frac{x^4 + 6x^3 + 13x^2 + 11x + 1}{x^3 + 4x^2 + 6x + 3}\, dx$$

(F 73)

7.4: Für welche Werte von α ist das uneigentliche Integral

$$\int_1^e \frac{dx}{x(\ln x)^\alpha} \quad \text{endlich ?}$$

(F 73)

7.5: Berechnen Sie $\int \frac{x^6}{x^2 - 1}\, dx$.

(H 73)

7.6: Welchen Wert hat das Integral $\int_1^2 \frac{-x^2 + 2x + 1}{x(x + 1)(x^2 + 1)}\, dx$?

(F 74)

7.7: Man berechne die Ableitung der Funktion

$$f(x) = x^{\frac{1}{x}} ,$$

und das uneigentliche Integral

$$\int_2^\infty \frac{x^2 + 1}{x^4 - 2x^2 + 1}\, dx \quad \text{(Partialbruchzerlegung)}$$

(H 74)

7.8: Man berechne das unbestimmte Integral

$$\int \frac{x^4 + 2x^3 + 3x^2 - 4x + 5}{x^3 + 3x^2 - 4}\, dx \quad \text{(Partialbruchzerlegung)}$$

(F 75)

7.9: Berechnen Sie

a) $\int_0^1 x^3 e^x dx$ (Hinweis: Partielle Integration)

b) $\int_0^{\pi/4} \frac{1 + \operatorname{tg}^2 x}{1 + \operatorname{tg} x}\, dx$ (Hinweis: Substitution)

(H 75)

7.10: Berechnen Sie das unbestimmte Integral

$$\int \frac{2x^3 - 2x^2 - 4x + 13}{x^2 + x - 2}\,dx$$ (Hinweis: Partialbruchzerlegung)

(H 75)

7.11: Berechnen Sie das unbestimmte Integral

$$\int \frac{4x^3 - 2x^2 - 23x + 11}{x^2 + x - 6}\,dx$$ (Hinweis: Partialbruchzerlegung)

(F 76)

7.12: Man berechne die Integrale

a) $\int_0^{\pi} x^3 \sin x\,dx$ (Hinweis: Partielle Integration)

b) $\int_0^{\pi/3} \frac{1 + \mathrm{tg}^2 \frac{x}{2}}{\sqrt{1 - \mathrm{tg}^2 \frac{x}{2}}}\,dx$

(F 76)

7.13: Man berechne das Integral

$$\int \frac{8x^2 + 3x + 28}{x^3 + x^2 + 8x - 10}\,dx .$$

(H 76)

7.14: Man berechne das Integral

$$\int \frac{7x^2 - 10x + 16}{x^3 - 2x^2 + 4x - 8}\,dx$$

(F 77)

7.15: Man berechne das Integral

$$\int_0^{\infty} x^5 e^{-x^3}\,dx$$

(F 77)

7.16: Man zeige durch Ausrechnen, daß das uneigentliche Integral $I = \int_0^{\infty} e^{3x} e^{-e^x}\,dx$ existiert.

(B,H 71)

7.17: Man beweise die Existenz des uneigentlichen Integrals

$$I = \int_0^{\infty} \frac{1 - \cos x}{1 + x^2}\,dx$$

mit Hilfe des Majorantenkriteriums und gebe eine obere Schranke für I an. (B,H 72)

7.18: Man beweise die Existenz des uneigentlichen Integrals

$$I = \int_1^{\infty} \frac{dx}{e^x - x - 1}$$

mit Hilfe des Majorantenkriteriums und gebe eine obere Schranke für I an.

Hinweis: Zur Abschätzung des Integranden verwende man die Taylor-Formel für die Exponentialfunktion in geeigneter Weise. (B,F 73)

8.1: Man berechne die relativen Extremwerte der Funktion

$$f(x,y) = x^3 + 3x^2 + 2y^3 - 6y - 12 .$$

(H 70)

8.2: a) Man bestimme für die Funktion

$$f(x,y,z) = e^x \cos(z-1) + y^2 z - \mathrm{Sinh}(2z + 2y - x)$$

die Niveaufläche durch den Punkt $P_0 = \begin{pmatrix} 0 \\ -1 \\ 1 \end{pmatrix}$

und bestimme die Tangentialebene an diese Niveau=fläche in P_0

b) Man bestimme die Richtungsableitung der unter a) gegebene Funktion im Punkte P_0 in Richtung des Vektors, der vom Punkt

$P_1 = \begin{pmatrix} 0 \\ 0 \\ 0 \end{pmatrix}$ nach $P_2 = \begin{pmatrix} 1 \\ 1 \\ 1 \end{pmatrix}$ zeigt.

(F 71)

8.3: Die Funktion $f(x,y) = x \cdot y$ hat unter der Nebenbedingung $x^2 + y^2 = 2$ vier Extremwerte. Mit Hilfe der Methode des Lagrangeschen Multiplikators bestimme man die Stellen, an denen diese Extremwerte angenommen werden, berechne die dazugehörigen Funktionswerte und entscheide, welche dieser Extremwerte Maxima oder Minima sind.

(F 71)

8.4: Man bestimme die relativen Extremwerte der Funktion

$$f(x,y) = x^3 - 3x^2 + 2y^3 + 3y^2 - 12$$

Man entscheide, ob es sich um Maxima oder Minima handelt.

(H 72)

8.5: Es sei bekannt, daß die Funktion

$$g(\alpha,\beta) = \int_{x=0}^{x=1} \frac{x^\alpha - x^\beta}{\ln x}\,dx$$

für alle $\alpha \geq 0$ und $\beta \geq 0$ existiert und die partiellen Ablei=tungen von g durch Differentiation unter dem Integral=zeichen ermittelt werden können.
Man berechne $g(\alpha,\beta)$, indem man $\frac{\partial g}{\partial \alpha}$ und $\frac{\partial g}{\partial \beta}$ bestimmt . Durch Integration dieser Größen bezüglich α bzw. β erhält man g bis auf eine Konstante C. Diese Konstante bestimme man durch den bekannten Wert $g(0,0)$.

(F 73)

8.6: Man berechne die relativen Extremwerte der Funktion

$$f(x,y) = x^3 - 12x + y^3 - \frac{3}{2}y^2 - 6y + 20$$

Man entscheide jeweils, ob es sich um Maxima oder Minima handelt. (F 73)

8.7: Wie groß ist das Volumen des größten Quaders, dessen Kanten parallel zu den Koordinatenachsen sind und den man dem Ellipsoid $x^2 + \frac{y^2}{9} + \frac{z^2}{4} = 1$ einbeschreiben kann? (Beachten Sie die Symmetrie; Überprüfung des Extremums durch hinreichende Bedingungen ist nicht verlangt.) (F 73)

8.8: Sei K ein gerader Kreiszylinder, bei dem auf der einen Seite eine Halbkugel und auf der anderen Seite ein gerader Kreiskegel aufgesetzt sind. Wie sind die Ausmaße für K zu wählen, damit bei gegebener Oberfläche $\mathfrak{O} > 0$ das Volumen von K maximal wird? (F 74)

8.9: Es werden die Winkel in einem Dreieck gemessen. Statt der "wahren" Werte ergeben sich dabei mit Meßfehlern behaftete Meßwerte α_0, β_0, γ_0, deren Summe im allgemeinen nicht 180^0 ergibt. Sei $\alpha_0 + \beta_0 + \gamma_0 = 180^0 + \delta$ mit $\delta \in \mathbb{R}$. Es sollen "ausgeglichene" Schätzwerte $\tilde{\alpha}$, $\tilde{\beta}$, $\tilde{\gamma}$ der drei Winkel so bestimmt werden, daß die Summe der Abweichungsquadrate

$$(\alpha_0 - \alpha)^2 + (\beta_0 - \beta)^2 + (\gamma_0 - \gamma)^2$$

für $(\alpha, \beta, \gamma) = (\tilde{\alpha}, \tilde{\beta}, \tilde{\gamma})$ minimal wird, unter der Nebenbedingung, daß die Winkelsumme der Schätzwerte 180^0 beträgt. Wie lauten die Schätzwerte $\tilde{\alpha}$, $\tilde{\beta}$, $\tilde{\gamma}$ (dargestellt durch α_0, β_0, γ_0, δ)? (H 74)

8.10: Man bestimme die relativen Extrema der Funktion

$$f(x,y) = e^{-y^2} \cos x$$

und gebe jeweils an, ob Maximum oder Minimum vorliegt. Besitzt die Funktion ein absolutes Maximum bzw. Minimum? (F 75)

8.11: Wie lautet die Gleichung der Tangentialebene an die Fläche

$$z = f(x,y) = \sqrt{x^2 + y^2} + x^y, \quad x > 0,$$

im Punkt (x_0, y_0, z_0) mit $x_0 = 1$, $y_0 = 0$? Welchen Wert hat die Richtungsableitung von f in Richtung der Strecke von (1,0) nach (4,4) an der Stelle (1,0)? (F 75)

8.12: Gegeben sei die reelle Funktion

$$f(x,y) = \sqrt{x^2 - 4xy + 8y - 1}\,, \qquad \tfrac{1}{2} \le x \le \tfrac{5}{2}\,, \quad \tfrac{1}{2} \le y \le \tfrac{5}{2}\,.$$

a) Geben Sie die Gleichung der Tangentialebene an die Fläche $z = f(x,y)$ im Punkt $(1,1,2)$ an.

b) Besitzt die Funktion $f(x,y)$ im Innern ihres Definitions=bereichs ein lokales Extremum?

(H 75)

8.13: Gegeben sei die reelle Funktion

$$f(x,y) = \sqrt{6x - 2xy + y^2 + 1}\,, \qquad 1 \le x \le 4\,, \quad 1 \le y \le 4$$

a) Geben Sie die Gleichung der Tangentialebene an die Fläche $z = f(x,y)$ im Punkt $(2,2,3)$ an.

b) Besitzt die Funktion $f(x,y)$ im Innern ihres Definitions=bereichs ein lokales Extremum?

(F 76)

8.14: Gegeben sei die Fläche

$$F = \left\{ (x,y,z) \in \mathbb{R}^3 : \sqrt{x} + \sqrt{y} + \sqrt{z} = \sqrt{a}\ ; \quad x, y, z > 0 \right\}.$$

Man bestimme die Tangentialebene in einem beliebigen Punkt (x_0, y_0, z_0) der Fläche F.
Man zeige, daß die Summe der Achsenabschnitte dieser Tangentialebene unabhängig vom gewählten Punkt (x_0, y_0, z_0) der Fläche F ist.

(H 76)

8.15: Man bestimme die Halbachsen $a, b, c > 0$ des Ellipsoids

$$\frac{x^2}{a^2} + \frac{y^2}{b^2} + \frac{z^2}{c^2} \le 1\,,$$

so, daß $a + \sqrt{b^2 + c^2} = 3$ erfüllt ist und dessen Volumen maximal wird.
(Überprüfung mittels notwendiger und hinreichender Bedingungen für lokale Extrema.)

(F 77)

8.16: Gegeben sei die Fläche

$$F = \left\{ (x,y,z) \in \mathbb{R}^3 : \frac{x^2}{a^2} + \frac{y^2}{b^2} = 2z \right\}.$$

Man bestimme die Tangentialebene in einem beliebigen Punkt $P_0 = (x_0, y_0, z_0)$ der Fläche F.
Man bestimme einen solchen Punkt $P_0 = (x_0, y_0, z_0)$ auf F, für den die Tangentialebene in P_0 auf den Achsen Abschnitte gleicher Länge abschneidet.

(F 77)

9.1: Man berechne das Integral $\int\limits_G \frac{1}{\sqrt{x^2+y^2+z^2}}\, e^{-(x^2+y^2+z^2)}\, dx\, dy\, dz$.

Dabei ist $G = \{(x,y,z): R_1^2 \leq x^2+y^2+z^2 \leq R_2^2 \, , \; y \geq 0 \, , \; z \geq 0\}$

(Hinweis: Man führe eine geeignete Transformation durch.)

(F 71)

9.2: Man berechne das Integral $\int\limits_G 2y \sin \pi x \, dx\, dy$.

Dabei ist G das im 1. Quadranten liegende, durch die Kurven $y^2 = 8x$, $y = 0$, und $x^2 + y^2 = 9$ begrenzte Gebiet der x-y-Ebene.

(H 72)

9.3: Bestimmen Sie das Trägheitsmoment

$T = \iint\limits_B \mu(x,y) y^2 \, dx\, dy$, wobei $B \in \mathbb{R}^2$ der Vollkreis mit dem Radius R um den Ursprung und $\mu(x,y) = \mu_0 (1 + \frac{x^2+y^2}{R^2})$ die Massenbelegung von B ist.

(F 74)

9.4: Man berechne das Integral $\int\limits_G (x+y)^2 dx\, dy$,

wobei G das Dreieck in der x-y-Ebene mit den Eckpunkten (0,0), (3,1), und (2,2) ist.

(H 74)

9.5: Man berechne die Fläche des von den vier Kurven

$xy^2 = 1 \, , \quad xy^2 = 8 \, , \quad x^2 y = 1 \, , \quad x = 8y$

eingeschlossenen Bereichs und benutze dazu die Transformation $u = x^2 y$, $v = xy^2$.

(H 76)

9.6: Das Quadrat Q habe die Seitenlänge 2 und den Nullpunkt als Mittelpunkt. K_1 sei der Inkreis und K_2 der Umkreis von Q . K_1 , K_2 begrenzen einen Kreisring D.

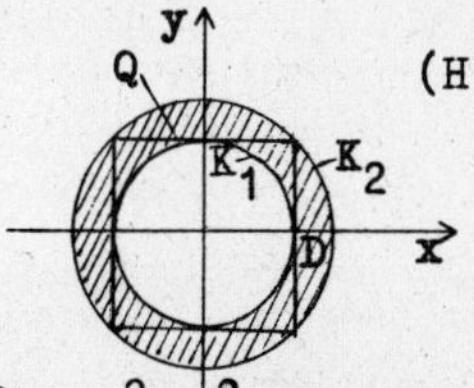

Man berechne das Integral $\iint\limits_D e^{-x^2-y^2} dx\, dy$.

(F 77)

9.7: Man berechne den Inhalt des Vierecks, das von den Kurven $xy = p$, $xy = q$, $y^2 = ax$, $y^2 = bx$ mit $p > q > 0$, $a > b > 0$ begrenzt wird. Hierzu führe man ein neues Koordinatensystem so ein, daß sich bezüglich der neuen Koordinaten ein Rechteckbereich ergibt.

(B,H 71)

9.8: Man berechne das Integral $\int\limits_G \frac{y^3}{4+x^2}\,dx\,dy$.
Dabei ist:

$$G = \left\{(x,y) : 0 \leq y \leq 1 \; ; \; \frac{y^2}{2} \leq x \leq 1 \; ; \; x,y \in \mathbb{R}\right\}.$$

(B,F 72)

9.9: Es bedeute $\mu > 0$ eine Konstante der Dimension Masse/Fläche und $a > 0$ eine Konstante von der Dimension einer Länge. Damit berechne man den Schwerpunkt des mit der homogenen Massendichte μ belegten ebenen Gebietes B, das von den beiden Parabelbögen

$$p(x) = \frac{1}{a}x^2 \, , \quad x \in [0,a] \, , \quad \text{und} \quad q(x) = \sqrt{a\,x} \, , \quad x \in [0,a] \, ,$$

berandet wird.

Hinweis: Man werte die auftretenden ebenen Gebietsintegrale als iterierte Integrale aus.

(B,H 72)

9.10: Es sei $\mu_0 > 0$ eine Konstante der Dimension Masse/Fläche und $R > 0$ eine Konstante der Dimension einer Länge. Man bestimme das Trägheitsmoment

$$I_x = \iint\limits_B \mu(x,y)\,y^2\,dx\,dy \, ,$$

wenn $B \subseteq \mathbb{R}^2$ der Vollkreis vom Radius R um den Ursprung und

$$\mu(x,y) = \mu_0 \left(1 + \frac{x^2+y^2}{R^2}\right) \, , \quad (x,y) \in B \, ,$$

die Massenbelegung von B ist. Das ebene Gebietsintegral ist nach der Substitutionsmethode mit Hilfe von Polar=koordinaten auszuwerten.

(B,H 72)

9.11: Bedeute B den von $y = 0$, $y = x$ und $x^2 + y^2 = 1$ berandeten Achtelkreis im 1. Quadranten. Im Gebiet B sei eine Massenverteilung

$$\mu(x,y) = 16xy \, , \quad (x,y) \in B \, ,$$

erklärt. Man berechne die Gesamtmasse

(B,F 73)

$$m = \iint\limits_B \mu(x,y)\,dx\,dy \; .$$

10.1: Gegeben sei die ebene Kurve $\vec{x}(t) = \begin{pmatrix} e^t \\ te^t - e^t \end{pmatrix}$; $t \in \mathbb{R}$.

a) Man berechne die Krümmung der Kurve für beliebiges $t \in \mathbb{R}$.

b) Man bestimme die Richtungsableitung der Funktion $f(x,y) = \sin(y^2 + yx)$ in Richtung der Tangente an die Kurve im Punkt $P_0 = \binom{e}{0}$.

(H 70)

10.2: Gegeben sei die Kurve im $\mathbb{R}^2$

$$\vec{x}(t) = \begin{pmatrix} a\cos^3 t \\ a\sin^3 t \end{pmatrix} , \quad a > 0 .$$

a) Man bestimme die Tangente an die Kurve $\vec{x}(t)$ im Punkt $\vec{x}(\frac{\pi}{4})$. In welchen Punkten schneidet diese Tangente die Koordinatenachsen?
Welchen geometrischen Abstand haben diese Schnittpunkte?

b) Man berechne die Richtungsableitung der Funktion $f(x,y) = (x+y)^2$ in Richtung der Tangente an $\vec{x}(t)$ im Punkt $\vec{x}(\frac{\pi}{4})$.

c) Man berechne die Bogenlänge des Kurvenstückes zwischen $\vec{x}(0)$ und $\vec{x}(\frac{\pi}{4})$.

(H 74)

10.3: Für welche $x \in \mathbb{R}$ liefert die Gleichung

$$x^5 + \frac{5}{2}x^4 - 2y^2 = 0$$

eine reelle Kurve? Diese Kurve untersuche man auf Symmetrieeigenschaften, Nullstellen und Extrema. Skizze!

(F 75)

10.4: Gegeben seien eine Kurve C mit der Parameterdarstellung $x(t) = 4t^2 + 3$, $y(t) = 3t^2 - 1$, $t \in [0,1]$, und eine Funktion $f(t) = 12t^4 - 5t^2 - 3$ auf C. Berechnen Sie

a) die Bogenlänge s_C von C,

b) das Integral $\int_C f\,ds$.

(H 75)

10.5: Gegeben seien ein Kurve C mit der Parameterdarstellung $x(t) = 5t^2 - 1$, $y(t) = 12t^2 + 3$, $t \in [0,1]$, und eine Funktion $f(t) = 6t^4 - 2t^2 + 3$ auf C. Berechnen Sie

a) die Bogenlänge s_C von C ,

b) das Integral $\int_C f\,ds$.

(F 76)

10.6: Gegeben sei die ebene Kurve

$$\vec{x}(t) = \begin{pmatrix} \operatorname{Sinh} t \sin t - \operatorname{Cosh} t \cos t \\ \operatorname{Cosh} t \sin t + \operatorname{Sinh} t \cos t \end{pmatrix}, t \in \mathbb{R}, \quad t \geq 0 .$$

a) Man berechne die Bogenlänge der Kurve zwischen den Punkten $P_0 = \frac{1}{2}\begin{pmatrix} -1 \\ 0 \end{pmatrix}$ und $P_1 = \frac{1}{2}\begin{pmatrix} \operatorname{Sinh} \pi/2 \\ \operatorname{Cosh} \pi/2 \end{pmatrix}$

b) Man bestimme die Richtungsableitung der Funktion $f(x,y) = x^2 y - \frac{1}{3} y^3 + e^x \cos x$ in Richtung der Tangente an die Kurve im Punkt $P_3 = \frac{1}{2}\begin{pmatrix} \operatorname{Cosh}\pi \\ -\operatorname{Sinh}\pi \end{pmatrix}$.

(B,H 71)

11.1: Gegeben sei das Kraftfeld $\vec{K} = (4Ax^2y + y^2,\ \frac{2}{3}x^3 + 2yx)$.
Dabei ist $A \in \mathbb{R}$ eine beliebige Konstante.

a) Man bestimme die Konstante $A \in \mathbb{R}$ so, daß das Wegintegral $\int_C \vec{K}\, d\vec{x}$ wegunabhängig wird. Dabei ist C eine stückweise glatte Kurve in der x-y-Ebene.

b) Man setze die unter a) gefundene Konstante A in das Kraftfeld $\vec{K}$ ein und bestimme für dieses $\vec{K}$ eine Potentialfunktion.

(H 70)

11.2: Berechnen Sie die folgenden Kurvenintegrale über den Rand R des Dreiecks (ABC) von A über B und C nach A, wobei $A = (a,0)$, $B = (a,a)$ und $C = (0,a)$ sind. $a > 0$.

a) $\int_R y^2\, dx + (x + y)^2\, dy$, b) $\int_R (x^2 + y^2)dx + 2xy\, dy$

(H 73)

11.3: Berechnen Sie das Kurvenintegral $\int_C f\, ds$ der Funktion $f(x,y) = \sqrt{b^4x^2 + a^4y^2}$
entlang des Weges C, wobei C die Halbellipse $\frac{x^2}{a^2} + \frac{y^2}{b^2} = 1$, $y \geq 0$ mit $(-a,0)$ als Anfangs- und $(a,0)$ als Endpunkt ist. $(a,b > 0)$.

(F 74)

11.4: Ein Vektorfeld im $\mathbb{R}^2$ ist gegeben durch $\vec{K}(x,y) = (\lambda xy,\ e^y + x^2)$.

a) Für welche reelle Zahl $\lambda = \lambda_0$ wird $\int_C \vec{K}\, d\vec{x}$ wegunabhängig?

b) Wie lautet das zu λ_0 gehörende Potential und welchen Wert hat dann $\int_{(0,0)}^{(1,2)} \vec{K}\, d\vec{x}$?

c) Für allgemeines $\lambda \in \mathbb{R}$ berechne man das Wegintegral $\int_C \vec{K}\, d\vec{x}$ über den Parabelbogen $y = 2x^2$ von $(0,0)$ bis $(1,2)$. Welcher Wert ergibt sich für λ_0?

(F 75)

11.5: Der Weg C sei durch die Parameterdarstellung

$$\begin{pmatrix} x(t) \\ y(t) \end{pmatrix} = \begin{pmatrix} ut^2 \\ vt^3 \end{pmatrix},\ 0 \leq t \leq 1 \quad \text{mit } u,v \in \mathbb{R} \text{ gegeben.}$$

Man bestimme die Extremwerte der durch das Integral $\int_C (x + y)dx + xy\, dy$ gegebenen Funktion von u, v.

(F 76)

11.6: Gegeben sei das Kraftfeld $\vec{K} = (x^3 e^y,\ b x^4 e^y)$, $b \in \mathbb{R}$.
Man berechne das Wegintegral

$\int_C \vec{K}\, d\vec{x}$. Dabei ist C der jeweils in den Skizzen a) und b) vorgegebene Weg.

a) 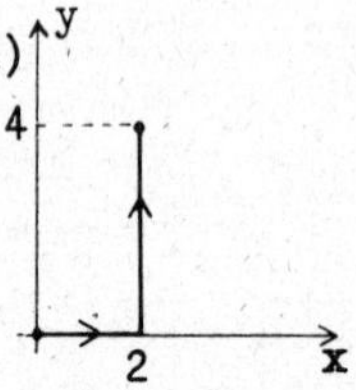

b) 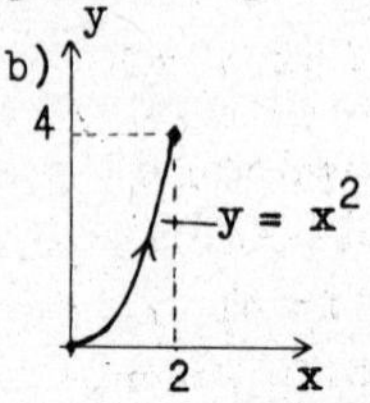

c) Gibt es ein $b \in \mathbb{R}$, so daß $\int_C \vec{K}\, d\vec{x}$ wegunabhängig wird ?
Man bestimme dieses.

(B,F 72)

12.1: a) Man zeige $|z_1 + z_2|^2 + |z_1 - z_2|^2 = 2|z_1|^2 + 2|z_2|^2$ und deute dies geometrisch. $z_1, z_2 \in \mathbb{C}$

b) Man skizziere in der Gaußschen Zahlenebene die Menge der Punkte, die den beiden Ungleichungen $|z - i + 1| < 2$ und $\mathrm{Im}(z) \leq -\mathrm{Re}(z)$ genügen.

(F 71)

12.2: In welche Kurven der w-Ebene gehen die Geraden $g_1 := \{z : z = x + iy \text{ und } x = y\}$ bzw. $g_2 := \{z : z = x + iy \text{ und } y = -x + 1\}$ unter der Abbildung $w = f(z) = z^2 + z$, $z \in \mathbb{C}$ über?

(H 73)

12.3: Berechnen und skizzieren Sie den Bereich der w-Ebene, auf den das Innere des Rechtecks

$$A = \{z \in \mathbb{C} : 0 \leq \mathrm{Re}\, z \leq 1 \text{ und } -1 \leq \mathrm{Im}\, z \leq 1\}$$

durch die Funktion $w = z + z^2$ abgebildet wird.

(B,H 74)

12.4: Gegeben sei die komplexe Funktion $w = f(z) = z^2$. Bestimmen Sie den Flächeninhalt und den Umfang des von den Bildkurven der Geraden $\mathrm{Re}(z) = 1$ und $\mathrm{Im}(z) = 1$ begrenzten Gebietes.
Geben Sie den Winkel zwischen den Kurven im Punkt $f(1 + i)$ der w-Ebene an.

(B,F 75)

12.5: In der z-Ebene sei G das Innere des Dreiecks mit den Seiten $\mathrm{Re}(z) = 1$, $\mathrm{Im}(z) = 0$ und $\mathrm{Re}(z) = \mathrm{Im}(z)$. Man bestimme das Bild von G in der w-Ebene unter der Abbildung $w = \frac{z}{z-1}$ und skizziere G und das Bild von G.

(B,H 75)

12.6: a) Man bestimme eine gebrochen lineare Abbildung der z-Ebene in die w-Ebene der Form

$$w = \frac{az + b}{cz + i}$$

mit der Eigenschaft $w(0) = 1$, $w(1) = -i$, $w(i) = \infty$.

b) Wie lauten die Bilder der beiden Kurven der z-Ebene

(i) $\mathrm{Re}(z) = 0$ (ii) $\mathrm{Re}(z) + \mathrm{Im}(z) = 1$

in der w-Ebene? Skizze!

(B,F 76)

13.1: a) Ist $e^x \cos y - 2xy + i(x^2 - y^2 + e^x \sin y)$ eine differenzier=bare Funktion der komplexen Variablen $z = x + iy$? Begründung!

b) Man stelle die in a) gegebene Funktion in Abhängigkeit von z dar.

(H 72)

13.2: a) Kann die Funktion $u(x,y) = e^x(x \cdot \cos y - y \cdot \sin y)$ als Realteil einer differenzierbaren komplexen Funktion der komplexen Veränderlichen $z = x + iy$ aufgefaßt werden? Begründung!

b) Man bestimme eine Funktion $v(x,y)$ so, daß $f(z) = u + iv$ mit $u(x,y) = x - y$ eine nach $z = x + iy$ differenzierbare Funktion wird.

(H 72)

13.3: a) Kann die Funktion $u(x,y) = e^{-x} \sin y$ als Realteil einer differenzierbaren komplexen Funktion der komplexen Veränderlichen $z = x + iy$ aufgefaßt werden? Begründung!

b) Man bestimme eine Funktion $v(x,y)$ so, daß $f(z) = u + iv$ mit $u = xy$ eine nach $z = x + iy$ differenzierbare Funktion wird.

(F 73)

13.4: An welchen Stellen der Gaußschen Zahlenebene ist die Funktion $f(z) = \frac{1}{\cos z}$ analytisch? Geben Sie die ersten vier von Null verschiedenen Koeffizienten der Potenzreihen=darstellung von $f(z)$ mit dem Entwicklungspunkt 0 an.

(F 76)

14.1: Gegeben ist die komplexe Potenzreihe $S(z) = \sum_{n=0}^{\infty} a_n z^n$ mit dem Konvergenzradius ρ_S.

a) Man entwickle die Funktion $F(z) = \frac{S(z)}{1-z}$ in eine Potenzreihe um die Stelle $z_o = 0$. Man gebe den Konvergenzradius ρ_F der Potenzreihenentwicklung an.

b) Man entwickle die Funktion $G(z) = \int_C \frac{S(\zeta)}{1-\zeta}\, d\zeta$ in eine Potenzreihe um die Stelle $z_o = 0$. Dabei ist der Integrationsweg C die geradlinige Verbindungsstrecke vom Punkt $0 \in \mathbb{C}$ zum Punkt $z \in \mathbb{C}$. Man gebe den Konvergenzradius ρ_G der Potenzreihenentwicklung an.

(B,H 73)

14.2: Entwickeln Sie die Funktion $f(z) = \frac{\sin z}{(z - \frac{\pi}{4})^5}$ um den Punkt $z = \frac{\pi}{4}$ in ihre Laurentreihe und berechnen Sie das Residuum an der Stelle $z = \frac{\pi}{4}$.

(B,H 74)

14.3: Die Funktion $f(z) = \frac{1}{(2-z)(z-1)^2}$ soll im Punkt $z_o = 1$ in eine Laurent-Reihe entwickelt werden, welche für $z = \frac{1}{2}$ konvergiert. Welchen Wert hat das Residuum von f(z) an der Stelle $z_o = 1$? In welchem Gebiet konvergiert die Reihe ?

(B,H 75)

14.4: Man entwickle die Funktion $f(z) = \frac{-16}{z(z-4)(z-2)^2}$ im Punkt $z_o = 2$ in eine Laurent-Reihe, welche für $z = 1$ konvergiert. Welchen Wert hat $\operatorname{Res}_{z=2} f(z)$?

In welchem Gebiet konvergiert die Reihe ?

(B,F 76)

15.1: C sei eine stückweise stetig differenzierbare, doppelpunktfreie, im Gegenuhrzeigersinn orientierte geschlossene Kurve, in derem Innern der Nullpunkt liegt. Berechnen Sie mit der Residuenmethode die komplexen Integrale

a) $\int_C \frac{\sin 2z}{z^4}\, dz$ b) $\int_C e^{\frac{i}{z}}\, dz$

(H 75)

15.2: C sei eine stückweise stetig differenzierbare, doppelpunktfreie, im Gegenuhrzeigersinn orientierte geschlossene Kurve, in derem Innern der Nullpunkt liegt. Berechnen Sie mit der Residuenmethode die komplexen Integrale

a) $\int_C \frac{\cos z^2}{z^5}\, dz$ b) $\int_C \frac{dz}{e^{\frac{2i}{z}}}$

(F 76)

15.3: Mit Hilfe eines geeigneten Konturintegrals einer komplexen Funktion berechne man

$$\int_{-\infty}^{\infty} \frac{\cos\frac{\pi}{a}x\, dx}{x^2 + 2ax + a^2 + 1}, \quad a > 0 .$$

(B,H 71)

15.4: Mit Hilfe der Integralformel von Cauchy berechne man das komplexe Integral

$$\int_C \frac{2z-1}{z^3 - z}\, dz \qquad C: |z-1| = \frac{3}{2}$$

(B,H 71)

15.5: Mit Hilfe der Integralformeln von Cauchy berechne man das komplexe Integral

a) $\int_C \frac{\cos z}{z^{2n+1}}\, dz \; ; \; n \in \mathbb{N} \; , \; C: |z| = 1$

b) $\int_C \frac{dz}{z^2 + 1} \; ; \; C: |z + i| = 1$

(B,F 72)

15.6: Mit Hilfe eines geeigneten Konturintegrals einer komplexen Funktion berechne man

$$\int_{-\infty}^{\infty} \frac{\cos ax}{(x^2 + a^2)^2}\, dx, \quad a > 0 .$$

(B,F 72)

15.7: a) Gegeben ist die Funktion $f(z) = \dfrac{2}{(z-1)^2(z^2+1)}$; $z \in \mathbb{C}$.

Man bestimme die Pole der Funktion und berechne dort die Residuen.

b) Die Residuen der Funktion $f(z) = \dfrac{e^{\pi z}}{z^3 + z^2 i}$ an den Polen

$z_1 = 0$ und $z_2 = -i$ lauten $\operatorname{Res}_{z=0} f(z) = 1 - i\pi$, $\operatorname{Res}_{z=-i} f(z) = 1$.

Man berechne das komplexe Wegintegral $\int_C f(z)\,dz$ für die beiden folgenden Fälle:

α.) $C = \{z: |z-3| = 1\}$

ß.) $C = \{z: |z-(1+i)| = 2\}$

(B,H 73)

15.8: Man berechne das Integral $\displaystyle\int_0^{2\pi} \frac{d\varphi}{\cos\varphi + 2\sin\varphi - 3}$ mit Hilfe eines geeigneten Integrals einer komplexen Funktion. (Hinweis $z = e^{i\varphi}$)

(B,H 73)

15.9: a) Gegeben ist die Funktion $f(z) = \dfrac{\cos \pi z}{z^2(z^2 - 2i)}$; $z \in \mathbb{C}$.

Man bestimme die Pole der Funktion und berechne dort die Residuen.

b) Die Residuen der Funktion $f(z) = \dfrac{e^{zt}}{z(z^2+1)}$; $z \in \mathbb{C}$; $t \in \mathbb{R}$

an den Polen $z_1 = 0$, $z_2 = +i$, $z_3 = -i$ lauten:

$\operatorname{Res}_{z=0} f(z) = 1$; $\operatorname{Res}_{z=i} f(z) = \dfrac{-\cos t - i\sin t}{2}$;

$\operatorname{Res}_{z=-i} f(z) = \dfrac{-\cos t + i\sin t}{2}$.

Man berechne das komplexe Wegintegral $\int_C f(z)\,dz$ für die beiden folgenden Wege: α.) $C = \{z: |z-(i+1)| = 3\}$

ß.) $C = \{z: |z| = \frac{1}{2}\}$

(B,F 74)

15.10: Berechnen Sie $\displaystyle\int_0^{\infty} \frac{x \sin x}{x^2+1}\,dx$ mit Hilfe eines komplexen Integrals.

(B,H 74)

15.11: Welche Werte haben die komplexen Integrale

a) $\int_C |z|^2\,dz$, b) $\int_C e^{\pi z}\,dz$,

wenn C das Geradenstück von $z_1 = -1 + i$ bis $z_2 = 3i$ ist?

(B,F 75)

15.12: Berechnen Sie das komplexe Integral

$$\int_C \frac{\cos \pi z}{(z-2)(z-1)^2}\,dz ,$$

wobei C der Kreis $|z-1-i| = \frac{\pi}{2}$ ist (im mathematisch positivem Sinn durchlaufen). (B,F 75)

15.13: Durch Bestimmung des komplexen Integrals der Funktion

$$f(z) = \frac{e^{3iz}}{z^4 + 2z^2 + 1}$$

über einen geeigneten Integrationsweg zeige man:

$$\int_{-\infty}^{\infty} \frac{\cos 3x}{x^4 + 2x^2 + 1}\,dx = \frac{2\pi}{e^3}.$$

(B,H 75)

15.14: Es sei C der im mathematisch positiven Sinn durchlaufene Kreis in der komplexen Ebene mit Mittelpunkt $z_0 = 0$ und Radius $r = 2$.

Man zeige, daß $\int_C \frac{e^{i\pi z}}{z^4 - 8z^2 - 9}\,dz = \frac{\pi}{5} \operatorname{Sinh}\pi$ ist. (B,F 76)

16.1: Man berechne den Abstand des Punktes $(1,2,3) \in \mathbb{R}^3$ von der Ebene $x + y + z = 1$.

(H 70)

16.2: Welchen Abstand d hat der Punkt $P_0 = (-1, 3, -2)$ von der Ebene durch die drei Punkte

$$P_1 : (-1, 1, 2) \,, \quad P_2 : (1, 1, 1) \,, \quad P_3 : \quad (2, -2, -4) \,?$$

Man bestimme die Koordinaten des Lotfußpunktes Q !

(H 74)

16.3: Gegeben seien drei Punkte im Raum mit den Ortsvektoren

$$\vec{r}_1 = (2, 0, 0) \,, \quad \vec{r}_2 = (0, 1, 0) \,, \quad \vec{r}_3 = (0, 0, 1) \quad .$$

Man bestimme:

a) die Gleichung der Ebene E durch die drei Punkte,

b) den Abstand d der Ebene vom Nullpunkt $\vec{0}$,

c) den Fußpunkt $\vec{r}_0$ des Lotes von $\vec{0}$ auf E,

d) den Winkel φ zwischen E und der x_2-x_3-Ebene

e) die Fläche F des Dreiecks mit den Ecken $\vec{r}_1, \vec{r}_2, \vec{r}_3$,

f) das Volumen V des Tetraeders mit den Ecken $\vec{0}, \vec{r}_1, \vec{r}_2, \vec{r}_3$.

(F 75)

17.1: Für welche $a \in \mathbb{R}$ hat das Gleichungssystem in x,y,z

$$\begin{aligned} x + y - az &= 1 \\ 2x - ay + z &= 2 \\ x - 2y + 2z &= 1 \end{aligned}$$

Lösungen? Für welche a sind diese Lösungen eindeutig bestim

(F 71)

17.2: Man löse das lineare Gleichungssystem

$$\begin{aligned} x + y - z + w &= 2 \\ -x + y + 5w &= 6 \\ 2y - z + 9w &= 11 \\ 7x + 3y - 5z + 3w &= 6 \end{aligned}$$

(H 72)

17.3: Geben Sie die Menge aller reellen 2×2-Matrizen an, die den Vektor $\binom{5}{3}$ in den Vektor $\binom{-3}{5}$ transformieren, für die also gilt:

$$\begin{pmatrix} x & y \\ z & w \end{pmatrix} \binom{5}{3} = \binom{-3}{5} .$$

(F 73)

17.4: Welche der folgenden Matrizen besitzen eine Inverse? Berechnen Sie diese, falls sie existiert, oder begründen Sie, warum es keine Inverse gibt.

a) $A = \begin{pmatrix} 4 & 3 & 2 & 3 \\ 8 & 7 & 4 & 1 \\ 16 & 1 & 8 & 4 \\ 32 & 9 & 16 & 9 \end{pmatrix}$ b) $B = \begin{pmatrix} 3 & 2 & 1 & 4 \\ 2 & 3 & 1 & 4 \\ 1 & 2 & 3 & 4 \end{pmatrix}$ c) $C = \begin{pmatrix} 8 & 8 & 8 \\ 0 & 4 & 4 \\ 0 & 0 & 2 \\ 0 & 0 & 0 \end{pmatrix}$

(F 73)

17.5: Berechnen Sie die Determinante:

$$\begin{vmatrix} 1 & 1 & 1 & 1 & \cdot & \cdot & \cdot & \cdot & 1 & 1 \\ 1 & 2 & 1 & 1 & \cdot & \cdot & \cdot & \cdot & 1 & 1 \\ 1 & 2 & 3 & 1 & \cdot & \cdot & \cdot & \cdot & 1 & 1 \\ 1 & 2 & 3 & 4 & \cdot & \cdot & \cdot & \cdot & 1 & 1 \\ \cdot & \cdot & \cdot & \cdot & \cdot & \cdot & \cdot & \cdot & \cdot & \cdot \\ \cdot & \cdot & \cdot & \cdot & \cdot & \cdot & \cdot & \cdot & \cdot & \cdot \\ \cdot & \cdot & \cdot & \cdot & \cdot & \cdot & \cdot & \cdot & \cdot & \cdot \\ 1 & 2 & 3 & 4 & \cdot & \cdot & \cdot & \cdot & n-1 & 1 \\ 1 & 2 & 3 & 4 & \cdot & \cdot & \cdot & \cdot & n-1 & n \end{vmatrix} , \quad n \in \mathbb{N} .$$

(H 73)

17.6: Untersuchen Sie die lineare Unabhängigkeit der Vektoren $\vec{x}_1, \vec{x}_2, \vec{x}_3, \vec{x}_4$ des $\mathbb{R}^4$.

$\vec{x}_1 = (1, -\frac{1}{2}, 2, 1)$ $\vec{x}_2 = (-1, \frac{3}{2}, 1, -2)$

$\vec{x}_3 = (2, -3, 0, 4)$ $\vec{x}_4 = (6, -7, 8, 8)$.

(H 73)

17.7: Wie lautet die Lösung folgenden Gleichungssystems?

$$\begin{aligned} 3x + y - z &= 3 \\ x - 3y - 2z &= -4 \\ 7x + 9y + z &= 17 \end{aligned}$$

(F 74)

17.8: Sei $A=(a_{ik})$ die $n\times n$ - Matrix mit

$$a_{ik}=\begin{cases}2 & \text{für } i=k\\ 1 & \text{für } i\neq k\,.\end{cases}$$

Man beweise, daß die Determinante von A gleich $n+1$ ist.

(F 74)

17.9: Das lineare Gleichungssystem

$$\begin{aligned}-x + y + 2z &= d_1\\ x + y + z &= d_2\\ 2x - 2y - 4z &= d_3\\ 3x - y - 3z &= d_4\end{aligned}$$

Welchen Rang hat die Koeffizientenmatrix ?

ist zu lösen für a) $d_1=d_2=d_3=d_4=0$

b) $d_1=d_2=d_3=d_4=1$

(H 74)

17.10: Gegeben sind die Matrizen

$$A(t)=\begin{pmatrix}1 & 2 & 1 & 0\\ 1 & 3 & 0 & 1\\ 0 & 5 & -4 & 5\\ 0 & 1 & -1 & t+1\end{pmatrix}\quad \vec{b}=\begin{pmatrix}1\\1\\1\\q\end{pmatrix}\quad \vec{x}=\begin{pmatrix}x_1\\x_2\\x_3\\x_4\end{pmatrix}$$

a) Für welche Werte von t existiert $A^{-1}(t)$?

b) Für $t=0$ untersuche man das Gleichungssystem $A(0)\cdot\vec{x}=\vec{b}$ für alle Werte von q auf Auflösbarkeit nach $\vec{x}$ und berechne alle Lösungen !

(F 75)

17.11: Sei $B=\begin{pmatrix}1 & 2\\ 3 & 0\\ 1 & -1\end{pmatrix}$

a) Berechnen Sie $\det(B\cdot B^T)$.

b) Bestimmen Sie den Rang von B, B^T, $B\cdot B^T$.

(H 75)

17.12: Gegeben sei das folgende Gleichungssystem in Abhängigkeit von einem Parameter t :

$$\begin{aligned}x_1 + x_2 - x_3 + 2x_4 &= 1\\ 2x_1 + x_2 + 4x_4 &= t\\ x_1 + 3x_2 - x_3 + x_4 &= 2\\ -2x_2 + 4x_3 &= 2\end{aligned}$$

a) Bestimmen Sie für $t=3$ alle Lösungen dieses Gleichungssystems.

b) Geben Sie alle $t\in\mathbb{R}$ an, für die dieses Gleichungssystem keine Lösung besitzt.

(H 75)

17.13: Gegeben ist die folgende Matrix A in Abhängigkeit von einem reellen Parameter t

$$A = \begin{pmatrix} t+3 & -1 & 1 \\ 5 & t-3 & 1 \\ 6 & -6 & t+4 \end{pmatrix}$$

a) Für welche t besitzt A <u>keine</u> inverse Matrix?

b) Bestimmen Sie A^{-1} für $t = -3$. Probe!

(F 76)

17.14: Untersuchen Sie bei dem linearen Gleichungssystem $A\vec{x} = \vec{b}$, für welche reellen Zahlen t das System ein=deutig lösbar, mehrfach lösbar oder unlösbar ist. Geben Sie die möglichen Lösungen an.

$$A = \begin{pmatrix} 1 & 0 & 1 \\ 0 & 2t & 2 \\ 2 & -1 & 2-t \end{pmatrix}; \quad \vec{b} = \begin{pmatrix} 2 \\ 2 \\ 3 \end{pmatrix}$$

(H 76)

17.15: Ein Lösungsvektor des Gleichungssystems

$$\begin{aligned} x + y - z &= 1 \\ 2x + \,?\,y + 2z &= 3 \\ x + 2y + 3z &= 2 \end{aligned} \quad \text{ist} \quad \begin{pmatrix} 5 \\ -3 \\ 1 \end{pmatrix}.$$

Bestimmen Sie den unleserlichen Koeffizienten. Geben Sie die Lösungsmenge des Gleichungssystems an.

(F 77)

17.16: Berechnen Sie die Determinante der folgenden Matrix

$$A = \begin{pmatrix} 1 & 2 & 3 & 4 & 5 \\ 2 & 2 & 3 & 4 & 5 \\ 3 & 3 & 3 & 4 & 5 \\ 4 & 4 & 4 & 4 & 5 \\ 5 & 5 & 5 & 5 & 5 \end{pmatrix}.$$

Geben Sie die Determinante von $A \cdot A$ an.

(F 77)

17.17: Man berechne die Lösungen - sofern existent - des Gleichungssystems $A \cdot \vec{x} = \vec{b}$ mit der direkten Methode nach Gauß mit Spaltenpivotsuche in den Fällen

a) $$A = \begin{pmatrix} -1 & 1 & -3 \\ 1 & 7 & -1 \\ 2 & 2 & 4 \end{pmatrix}; \quad \vec{b} = \begin{pmatrix} 1 \\ 3 \\ 0 \end{pmatrix};$$

b) A wie in a); $$\vec{b} = \begin{pmatrix} 2 \\ 3 \\ 0 \end{pmatrix}.$$

(B,H 73)

17.18: Man berechne die Lösungen - sofern existent - des Gleichungssystems $A\cdot\vec{x}=\vec{b}$ mit der direkten Eliminationsmethode nach Gauß mit Spaltenpivotsuche in den Fällen

a) $$A=\begin{pmatrix} 4 & -4 & 6 & 0 \\ 2 & 3 & -2 & 0 \\ 0 & 1 & -2 & 2 \\ 2 & -2 & 7 & -8 \end{pmatrix}; \quad \vec{b}=\begin{pmatrix} 0 \\ 0 \\ 1 \\ 0 \end{pmatrix};$$

b) A wie in a);
$$\vec{b}=\begin{pmatrix} 0 \\ 0 \\ 1 \\ -4 \end{pmatrix}.$$

(B,F 74)

17.19: Es seien $$A=\begin{pmatrix} 1 & -2 & 1 & 1 \\ 1 & 2 & 0 & 0 \\ 2 & 1 & 0 & 2 \\ 1 & -1 & 0 & 1 \end{pmatrix} \quad \vec{b}=\begin{pmatrix} 0 \\ 1 \\ 2 \\ 1 \end{pmatrix}.$$

a) Mit Hilfe des Gauß'schen Algorithmus mit Spaltenpivot-Suche (Zeilentausch) und Steuervektor $\vec{p}$ gebe man eine Dreieckszerlegung $A_p = L\cdot R$ für die durch Zeilentausch gemäß dem Steuervektor $\vec{p}$ aus A entstehende Matrix A_p an.

b) Man löse das Gleichungssystem $A\vec{x}=\vec{b}$.

(B,H 75)

17.20: Es seien $$A=\begin{pmatrix} 2 & -1 & 1 \\ -2 & -2 & 3 \\ 4 & 2 & -6 \end{pmatrix}, \quad \vec{b}_1=\begin{pmatrix} 0 \\ 5 \\ -4 \end{pmatrix}, \quad \vec{b}_2=\begin{pmatrix} 4 \\ -3 \\ 4 \end{pmatrix}.$$

a) Leiten Sie mit dem Gauß'schen Algorithmus eine Dreieckszerlegung einer durch geeignete Zeilenpermutation aus A zu gewinnenden Matrix A_p ab.

b) Lösen Sie die linearen Gleichungssysteme $A\vec{x}=\vec{b}_1$ und $A\vec{x}=\vec{b}_2$ unter Benutzung der Dreieckszerlegung aus a).

(B,H 76)

17.21: Es seien $$A=\begin{pmatrix} 2 & 4 & 8 \\ 3 & -6 & 2 \\ 6 & -6 & 18 \end{pmatrix}, \quad \vec{b}_1=\begin{pmatrix} 8 \\ 0 \\ 6 \end{pmatrix}, \quad \vec{b}_2=\begin{pmatrix} 2 \\ 1 \\ -6 \end{pmatrix}.$$

a) Leiten Sie mit dem Gauß'schen Algorithmus eine Dreieckszerlegung einer durch geeignete Zeilenpermutation aus A zu gewinnenden Matrix A_p ab.

b) Lösen Sie die linearen Gleichungssysteme $A\vec{x}=\vec{b}_1$ und $A\vec{x}=\vec{b}_2$ unter Benutzung der Dreieckszerlegung aus a).

(B,F 77)

18.1: Man bestimme Eigenwerte und Eigenvektoren der Matrix

$$\begin{pmatrix} 1 & \sqrt{3} & 0 \\ \sqrt{3} & 2 & \sqrt{3} \\ 0 & \sqrt{3} & 1 \end{pmatrix}$$

(H 70)

18.2: Man berechne Eigenwerte und Eigenvektoren in $\mathbb{C}^2$ der Matrix

$$\begin{pmatrix} 1 & 2i \\ -2i & -2 \end{pmatrix}$$

(F 71)

18.3: Man bestimme das charakteristische Polynom, die Eigenwerte und Eigenvektoren der Matrix

$$\begin{pmatrix} 1 & 0 & 5 \\ 0 & 1 & 1 \\ 1 & 1 & 0 \end{pmatrix}$$

(H 72)

18.4: Bestimmen Sie alle Eigenwerte und Eigenvektoren der Matrix

$$\begin{pmatrix} 0 & -1 & -1 \\ 0 & 1 & 0 \\ 1 & 1 & 2 \end{pmatrix}.$$

(F 76)

18.5: Bestimmen Sie für die Matrix

$$A = \begin{pmatrix} 1 & 1 & 0 \\ 0 & 1 & 1 \\ 0 & 0 & 1 \end{pmatrix}$$

a) die inverse Matrix A^{-1} ,

b) sämtliche Eigenwerte und Eigenvektoren. (H 76)

III. Lösungen zu den Aufgaben

1.1: Durchführen der Schritte (i) und (ii) wie im Kapitel 1.

1.2: Durchführen der Schritte (i) und (ii) wie im Kapitel 1.

1.3: (i) $n_0 = 1$; $A(1): e^1 > 1+1$ ist richtig, da $e \approx 2{,}718\ldots$

(ii) $\exp(1+\frac{1}{2}+\frac{1}{3}+\ldots+\frac{1}{n}+\frac{1}{n+1}) = \exp(1+\frac{1}{2}+\frac{1}{3}+\ldots+\frac{1}{n})\cdot\exp\frac{1}{n+1} >$

$> (n+1)\cdot\exp\frac{1}{n+1} = (n+1)(1+\frac{1}{1!}\cdot\frac{1}{n+1}+\frac{1}{2!}\cdot(\frac{1}{n+1})^2+\frac{1}{3!}\cdot(\frac{1}{n+1})^3+\ldots)$

$> (n+1)(1+\frac{1}{n+1}) = (n+1)+1.$

1.4: Durchführen der Schritte (i) und (ii) wie im Kapitel 1.

1.5: Durchführen der Schritte (i) und (ii) wie im Kapitel 1.

1.6: Durchführen der Schritte (i) und (ii) wie im Kapitel 1.

2.1: a) α) Induktionsaussage $A(n)$: $a_{n+1} > a_n$

(i) $3a_2^2 = 0\cdot(2+4)+5 \Rightarrow a_2 = \sqrt{\frac{5}{3}} > 1 = a_1$

(ii) $3a_{n+2}^2 = a_n(2a_{n+1}+4)+5 > a_{n-1}(2a_n+4)+5 = 3a_{n+1}^2 \Rightarrow$

$a_{n+2} > a_{n+1}$ (>0)

β) Induktionsaussage $A(n)$: $a_n \leq 5$

(i) $a_2 = \sqrt{\frac{5}{3}} \leq 5$

(ii) $3a_{n+2}^2 = a_n(2a_{n+1}+4)+5 \leq 5(2\cdot 5+4)+5 = 5\cdot 15 \Rightarrow$

$a_{n+2}^2 \leq 5\cdot 5 \Rightarrow a_{n+2} \leq 5$

b) Aus a) α) und β) folgt die Konvergenz der Folge.
Grenzübergang in der Rekursionsformel:
$3a^2 = a(2a+4)+5 \Rightarrow a = 5$, die andere Lösung $a = -1$ scheidet aus, da alle $a_n \geq 0$.

2.2: Durchführen der Schritte 0, 1, 2 und 3 wie im Kapitel 2.

2.3: Durchführen der Schritte 0, 1, 2 und 3 wie im Kapitel 2.

2.4: Durchführen der Schritte 0, 1, 2 und 3 wie im Kapitel 2.

2.5: Durchführen der Schritte 0, 1, 2 und 3 wie im Kapitel 2.

3.1: a) $\lim\limits_{n\to\infty} \sqrt[n]{|a_n|} = \frac{4}{7} < 1 \Rightarrow$ Konvergenz.

b) $a_n \geq \frac{1}{3n} \Rightarrow$ Divergenz, da harmonische Reihe $\sum\frac{1}{n}$ divergiert.

c) $\sin\frac{n\pi}{2} = \begin{cases} 0 & \text{für } n = 2m,\ m = 1, 2, \ldots \\ (-1)^m & \text{für } n = 2m+1,\ m = 1, 2, \ldots \end{cases}$

$\sum\limits_{n=2}^{\infty} \frac{\sin\frac{n\pi}{2}}{\ln n} = \sum\limits_{m=1}^{\infty} \frac{(-1)^m}{\ln(2m+1)}$ konvergent nach Leibniz-Kriterium.

3.2: a) Durchführen der Schritte (i) und (ii) wie im Kapitel 1.

b) $\sum_{n=1}^{\infty} \frac{1}{(2n-1)(2n+1)} = \lim_{n\to\infty} \frac{n}{2n+1} = \frac{1}{2}$.

3.3: Für $n \geq 201$ gilt $0 \leq \sin\frac{200}{n} \leq \frac{200}{n} \Rightarrow$

Für $n \geq 201$ liegt also eine alternierende monoton fallende Folge vor. $\Rightarrow$ Konvergenz der Reihe nach Leibniz-Kriterium.

3.4: Für $f(x) = \frac{1}{x}(\ln x)^{-s}$ gilt: $a_n = f(n)$,

$$\int_2^b f(x)dx = \begin{cases} \frac{1}{1-s}(\ln b)^{1-s} - \frac{1}{1-s}(\ln 2)^{1-s} & \text{für } s \neq 1 \\ \ln(\ln b) - \ln(\ln 2) & \text{für } s = 1 \end{cases}$$

$$\int_2^\infty f(x)dx = \begin{cases} \frac{1}{s-1}(\ln 2)^{1-s} & \text{für } s > 1 \\ \infty & \text{für } s \leq 1 \end{cases}$$

Da f(x) für $s > 1$ monoton fallend ist, folgt nach dem Integral-vergleichskriterium die Konvergenz der Reihe für $s > 1$. Für $s \leq 1$ folgt die Divergenz.

4.1: $$I = \int_0^1 \frac{1-e^{-x^2}}{x^2}dx = \left[x - \frac{x^3}{3\cdot 2!} + \frac{x^5}{5\cdot 3!} - \frac{x^7}{7\cdot 4!} \pm \dots\right]_0^1 =$$
$$= \underbrace{1 - \frac{1}{6} + \frac{1}{30}}_{13/15} - \frac{1}{168} \pm \dots$$

Da alternierende Reihe: $\left|I - \frac{13}{15}\right| \leq |a_4| = \frac{1}{168} < 0{,}01$.

4.2: a) $S_n = \frac{n+1}{2n} \xrightarrow[n\to\infty]{} \frac{1}{2}$

b) $|a| + |b| + |a|^2 + |b|^2 + \dots \leq 2\cdot\sum_{n=1}^{\infty} t^n$ mit $t = \max(|a|, |b|) < 1$ konvergente Majorante.

c) $\rho = \frac{5}{8}$

4.3: a) $\rho = \frac{a}{e}$, b) $\rho = \frac{1}{27}$, c) $S_n = \frac{1}{3^n}(2^{n+1} - 1) \xrightarrow[n\to\infty]{} 0$

4.4: a) $\ln(2 + x^2) = \ln 2 + \sum_{m=1}^{\infty} (-1)^{m+1}\cdot\frac{1}{2^m m} x^{2m}$, $|x| < \sqrt{2}$

b) $\ln(2 + x^2) = \ln 6 + \frac{2}{3}(x-2) - \frac{1}{18}(x-2)^2 + R_2(x)$

$|R_2(x)| \leq \frac{1}{36}$, $2{,}3751 \leq \ln 11 = f(3) \leq 2{,}4307$

4.5: a) $\sum_{n=1}^{\infty} \frac{1}{n^2}$ ist konvergente Majorante.

b) α) $\rho = \frac{1}{2}$, β) $\rho = \infty$.

4.6: $\frac{x^2 + x + 1}{\cos x} = 1 + x + \frac{3}{2}x^2 + \frac{1}{2}x^3 + \frac{17}{24}x^4 + \dots$

4.7: $\frac{x \cdot \sin x}{\cos x - 1} = -2 + \frac{1}{6} x^2 + \frac{1}{360} x^4 \pm \ldots$

4.8: a) Majorante $\sum_{n=1}^{\infty} \frac{n}{e^n}$ konvergiert nach Quotientenkriterium.

b) (i) $\rho = 2$, (ii) $\sqrt[n]{|a_n|} = 2(1 - \frac{1}{n^2})^{n^2} \Rightarrow \rho = \frac{e}{2}$, da

$(1 - \frac{1}{n^2})^{n^2}$ als Teilfolge von $(1 - \frac{1}{n})^n$ auch gegen e^{-1} konvergiert.

4.9: $\frac{iz}{2e^z} = \frac{i}{2} \cdot \sum_{n=0}^{\infty} \frac{(-1)^n}{n!} z^{n+1}$, $\rho = \infty$

4.10: $\frac{1}{(1-x)^2} = 1 + 2x + 3x^2 + 4x^3 + \ldots (n+1)x^n + R_n(x)$

$R_n(x) = \frac{1}{(1-x)^2}((n+2)x^{n+1} - (n+1)x^{n+2}) \xrightarrow[n \to \infty]{} 0$ für $|x| < 1$.

4.11: a) $(1 - z)(1 - \bar{z}) = 1 - 2r\cos\varphi + r^2$

b) Nachrechnen

c) $\int_0^{\pi} \log(1 - 2r\cos\varphi + r^2)d\varphi = 0$

4.12: $I = \left[\frac{x^2}{2} - \frac{x^6}{6 \cdot 3!} + \frac{x^{10}}{10 \cdot 5!} \mp \ldots\right]_0^1 = \underbrace{\frac{1}{2} - \frac{1}{36}}_{17/36} + \frac{1}{1200} \mp \ldots$

alternierende Reihe: $|I - \frac{17}{36}| \leq a_3 = \frac{1}{1200} < 10^{-3}$.

4.13: a) $\frac{1 + z^2}{1 + z}$ für $|z| < 1$

b) $|z - i| < 4$

5.1: a) $\lim_{x \to 0} (e^x - 1)^x = e^{\lim_{x \to 0} x \cdot \ln(e^x - 1)} = 1$, b) $\frac{1}{4}$

5.2: a) $\lim_{x \to 0} \frac{x + \int_x^{x^2} \cos t^2 dt}{x^2} = \lim_{x \to 0} \frac{1 + 2x\cos x^4 - \cos x^2}{2x} = 1$

b) 1 , c) e^5

5.3: a) 2 , b) $\ln a$

5.4: a

5.5: a) 1 , b) (i) $\rho = e$, $x_0 = 0$, (ii) $\rho = \sqrt{e}$, $x_0 = 1$.

6.1: $f(x) = \dfrac{x^2 - 8x + 15}{2 - x}$ (Rationale Funktion)

Definitionsbereich $\mathbb{R} \setminus \{2\}$

a) Nullstellen: $x^2 - 8x + 15 = 0 \Rightarrow x_{N1} = 5,\ x_{N2} = 3$

Pole: $2 - x = 0 \Rightarrow x_{P1} = 2$ senkrechte Asymptote

$$\lim_{\substack{x \to 2 \\ x > 2}} f(x) = -\infty, \qquad \lim_{\substack{x \to 2 \\ x < 2}} f(x) = +\infty$$

Bestimmung weiterer Asymptoten:

$\lim\limits_{x \to \infty} f(x) = -\infty$, $\lim\limits_{x \to -\infty} f(x) = +\infty \Rightarrow$ keine horizontale Asympt

$$\lim_{x \to \infty} \frac{f(x)}{x} = \lim_{x \to \infty} \frac{1 - \frac{8}{x} + \frac{15}{x^2}}{\frac{2}{x} - 1} = -1, \qquad \lim_{x \to -\infty} \frac{f(x)}{x} = -1$$

$\lim\limits_{x \to \infty} (f(x) + 1x) = 6$, $\lim\limits_{x \to -\infty} (f(x) + x) = 6$, $y = -x + 6$ ist Asymptote für $x \to +\infty$ und $x \to -\infty$.

Die Asymptotenkann man auch wie folgt bestimmen (Vergleic Beispiel 6.3.5):

Partialbruchzerlegung der rationalen Funktion

$$f(x) = -x + 6 - \frac{3}{x - 2}.$$

Der Polynomanteil $y = -x + 6$ ist Asymptote für $x \to \pm\infty$.

Extremwerte: $f'(x) = \dfrac{(2-x)(2x-8) - (x^2 - 8x + 15)(-1)}{2-x} = \dfrac{3 - (x-2)^2}{2-x}$

$$f''(x) = -\frac{6}{(x-2)^3}$$

$x_{E1} = 2 + \sqrt{3} \approx 3{,}73$, $f''(x_{E1}) = -\frac{2}{\sqrt{3}} < 0$; Max. in x_{E1}; $f(x_{E1}) = 0,$

$x_{E2} = 2 - \sqrt{3} \approx 0{,}27$, $f''(x_{E2}) = +\frac{2}{\sqrt{3}} > 0$; Min. in x_{E2}; $f(x_{E2}) = 7,$

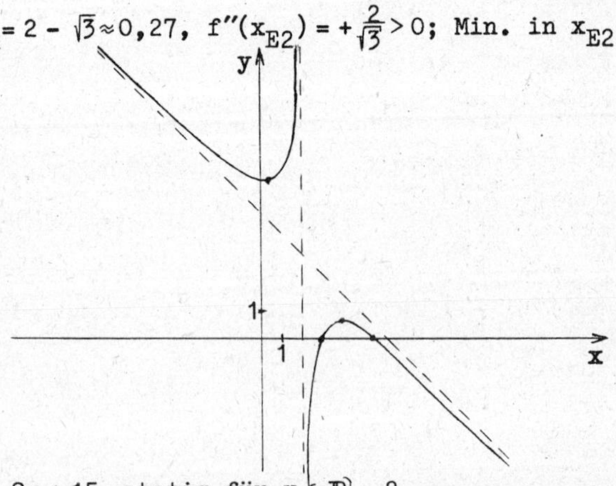

b) $\left.\begin{array}{l} x^2 - 8x + 15 \text{ stetig für } x \in \mathbb{R} \\ 2 - x \text{ stetig für } x\ \mathbb{R} \setminus \{2\} \end{array}\right\} \Rightarrow \dfrac{x^2 - 8x + 15}{2 - x}$ stetig für $x \in [0, 2[$

6.2: Nullstellen: $x_{N1}=+1$, $x_{N2}=-1$

Extrema: $x_{E1}=\sqrt{2}$ lokales Maximum, $x_{E2}=-\sqrt{2}$ lokales Maximum

$x_{E3}=0$ lokales Minimum

Asymptoten: $y=0$ für $x\to\pm\infty$

Symmetrie: Symmetrisch zur y-Achse.

6.3: Nullstellen: $x_{Nk}=k\frac{\pi}{2}$, $k\in\mathbb{Z}$

Extrema: $x_{Max,k}=\frac{\pi}{4}+k\pi$, $k\in\mathbb{Z}$, Maxima

$x_{Min,k}=3\frac{\pi}{4}+k\pi$, $k\in\mathbb{Z}$, Minima

Asymptoten: $y=0$ für $x\to-\infty$

Symmetrie: keine.

6.4: Nullstellen: keine; Extrema $x_{E1}=+1$, $y_{E1}=\sqrt{2}$, Minimum ;

Asymptoten: $y=x$ für $x\to\infty$.

6.5: Extrema: $x_k=(2k+1)\pi$, $k\in\mathbb{Z}$, $y=0$, Maxima,

$x_k=2k\pi$, $k\in\mathbb{Z}$, $y=0$, Minima

$x_k=0{,}955..+2k\pi$, $k\in\mathbb{Z}$, $y=\frac{2\cdot\sqrt{3}}{9}$, Maxima

$x_k=2{,}186..+2k\pi$, $k\in\mathbb{Z}$, $y=-\frac{2\cdot\sqrt{3}}{9}$, Minima

6.6: Extrema: $x_k=\frac{\pi}{2}+2k\pi$, $k\in\mathbb{Z}$, $y=0$, Minima

$x_k=\frac{3\pi}{2}+2k\pi$, $k\in\mathbb{Z}$, $y=0$, Maxima

$x_k=0{,}61..+2k\pi$, $k\in\mathbb{Z}$, $y=0{,}37$, Maxima

$x_k=-0{,}61..+2k\pi$, $k\in\mathbb{Z}$, $y=-0{,}37$, Minima

6.7: Nullstellen: $x_{N1}=-\frac{1}{4}\pi$, $x_{N2}=\frac{3}{4}\pi$,

Extremwerte: $x_{E1}=\frac{1}{2}\pi$, $x_{E2}=0$, $x_{E3}=-\frac{3}{4}\pi$, Maxima;

$x_{E4}=-\frac{1}{2}\pi$, $x_{E5}=-\pi$, $x_{E6}=\pi$, $x_{E7}=\frac{\pi}{4}$, Minima ;

$f(-\frac{\pi}{2})=f(-\pi)=f(\pi)=-1$, $f(\frac{\pi}{2})=f(0)=1$,

$f(-\frac{3}{4}\pi)\approx-0{,}7$, $f(\frac{1}{4}\pi)\approx+0{,}7$.

6.8: Nullstellen: $x_{N1}=1$; Pole: $x_{P1}=-3$, $x_{P2}=4$;

Asymptoten: $y=3$ für $x\to\pm\infty$, $x_S=13$,

Extrema: $x_{E1}=1$ Maximum, $x_{E2}=25$ Minimum.

6.9: $\alpha=1$, $\beta=0$; Extrema: $x_{E1}=1$ Maximum ;

$$\int_1^\infty \frac{e^x}{x^x}\,dx \le \sum_{n=1}^{\infty}\left(\frac{e}{n}\right)^n < +\infty\ ,\quad \int_0^1 \frac{e^x}{x^x}\,dx < +\infty\ .$$

7.1: Partialbruchzerlegung.

a) $I = \ln|x-1| - \frac{1}{2}\ln((x+1)^2+1) - 3\,\mathrm{arctg}(x+1) + C$

b) $I = \frac{3}{4}\pi \ln 2$

7.2: Substitution $u = a^x$ und Partialbruchzerlegung.

$$I = \frac{1}{\ln a}\left(\ln|(a^x-1)(a^x+2)| - \frac{2}{a^x+2}\right) + C$$

7.3: Partialbruchzerlegung.

$$I = \frac{x^2}{2} + 2x - 2\ln|x+1| + \frac{1}{2}\ln|x^2+3x+3| - \frac{1}{3}\,\mathrm{arctg}\,\frac{2}{\sqrt{3}}(x+\frac{3}{2}) + C$$

7.4: $I = \int_1^e \frac{dx}{x(\ln x)^\alpha} = \lim_{b\to 1}\int_b^e \frac{dx}{x(\ln x)^\alpha}$ Substitution $u = \ln x$:

$$\int_1^e \frac{dx}{x(\ln x)^\alpha} = \begin{cases} \frac{1}{1-\alpha} & \text{für } \alpha<1 \\ \infty & \text{für } \alpha \geq 1 \end{cases}$$

7.5: Partialbruchzerlegung. $I = \frac{1}{5}x^5 + \frac{1}{3}x^3 + x + \frac{1}{2}\cdot\ln\frac{x-1}{x+1} + C$

7.6: Partialbruchzerlegung. $I = \ln\frac{6}{5}$

7.7: $f'(x) = x^{\frac{1}{x}-2}(1-\ln x)$; $I = \frac{2}{3}$

7.8: Partialbruchzerlegung. $I = \frac{1}{2}x^2 - x + \frac{25}{3}\cdot\frac{1}{x+2} + \frac{7}{9}\ln|x-1| + \frac{47}{9}\ln|x+2$

7.9: a) $I = 6 - 2e$, b) Substitution $u = \mathrm{tg}\,x$ liefert: $I = \ln 2$.

7.10: Partialbruchzerlegung. $I = x^2 - 4x + \ln|x+2| + 3\ln|x-1| + C$

7.11: Partialbruchzerlegung. $I = 2x^2 - 6x - \frac{11}{5}\ln|x-2| + \frac{46}{5}\ln|x+3| + C$

7.12: a) $I = \pi^3 - 6\pi$ b) Substitution $u = \mathrm{tg}\frac{x}{2}$ liefert $I = 2\arcsin\frac{\sqrt{3}}{2}$.

7.13: Partialbruchzerlegung. $I = 3\ln|x-1| + \frac{5}{2}\ln|x^2+2x+10| - \mathrm{arctg}\frac{x+1}{3} +$

7.14: Partialbruchzerlegung: $I = 3\ln|x-2| + 2\ln(x^2+4) - \mathrm{arctg}\,\frac{x}{2} + C$

7.15: Substitution $u = x^3$ liefert $I = \frac{1}{3}\int_0^\infty t\,e^{-t}\,dt = -\frac{1}{3}\lim_{a\to\infty}\left(\frac{a+1}{e^a} - 1\right) =$

7.16: Substitution $u = e^x$ liefert $I = \int_1^\infty u^2 e^{-u}\,du = \frac{5}{e}$

7.17: $|I| \leq \int_0^\infty \frac{|1-\cos x|}{1+x^2}dx \leq \int_0^\infty \frac{1+|\cos x|}{1+x^2}dx \leq 2\int_0^\infty \frac{1}{1+x^2}dx = 2\cdot\lim_{b\to\infty}\mathrm{arctg}\,b$

$= 2\,\frac{\pi}{2} = \pi$.

7.18: $0 \leq I = \int_1^\infty \frac{dx}{e^x - x - 1} = \int_1^\infty \frac{dx}{\frac{x^2}{2!} + \frac{x^3}{3!} + \ldots} \leq 2\cdot\int_1^\infty \frac{dx}{x^2} = 2$.

8.1: Mögliche Extremstellen: $P_1 = \binom{0}{1}$, $P_2 = \binom{0}{-1}$, $P_3 = \binom{-2}{+1}$, $P_4 = \binom{-2}{-1}$, lokales Minimum in P_1, lokales Maximum in P_4, keine Extremwerte in P_2 und P_3.

8.2: Niveaufläche in P_0: $e^x\cos(z-1) + y^2 z - \text{Sinh}(2z+2y-x) - 2 = 0$
Tangentialebene in P_0: $2x - 4y - z - 3 = 0$
Richtungsableitung in P_0 in Richtung des Einheitsvektors
$\bar{r} = \frac{1}{\sqrt{3}}(1,1,1)$: $\left.\frac{df}{d\bar{r}}\right|_{P_0} = -\sqrt{3}$

8.3: Methode der Lagrange'schen Multiplikatoren:
$F(x,y,z) = xy + \lambda(x^2+y^2-2)$, (1) $F_x = y + 2\lambda x = 0$,
(2) $F_y = x + 2\lambda y = 0$, (3) $F_\lambda = x^2+y^2-2 = 0$

Man versucht x und y aus dem linearen Gleichungssystem (λ fest
$\begin{matrix} 2\lambda x + y = 0 \\ x + 2\lambda y = 0 \end{matrix}$ zu bestimmen, in (3) einzusetzen, um so eine Gleichung, in der nur noch λ vorkommt, zu erhalten.

Gauß-Elimination $\left(\begin{array}{cc|c} 2\lambda & 1 & 0 \\ 1 & 2\lambda & 0 \end{array}\right)$ $\left(\begin{array}{cc|c} 2\lambda & 1 & 0 \\ & 2\lambda - \frac{1}{2\lambda} & 0 \end{array}\right)$ $\Rightarrow$ $\begin{matrix} 2\lambda x + y = 0 \\ (2\lambda - \frac{1}{2\lambda})y = 0 \end{matrix}$

Die letzte Zeile ist für $y = 0$ oder im Fall $2\lambda - \frac{1}{2\lambda} = 0$, d.i. $4\lambda^2 - 1 = 0$ erfüllt:

(i) Im Fall $y = 0$ folgt aus der 1.Zeile auch $x = 0$. Einsetzen in (3) liefert den Widerspruch $-2 = 0$. Also kann der Punkt $(x,y) = (0, 0)$ keine Lösung sein.

(ii) Im Fall $4\lambda^2 - 1 = 0$, d.i. $\lambda_1 = +\frac{1}{2}$ oder $\lambda_2 = -\frac{1}{2}$, folgt im Fall $\lambda_1 = \frac{1}{2}$ aus der 1. Zeile $y = -x$. Einsetzen in (3) liefert $2x^2 = 2$, also $x_1 = +1$, $x_2 = -1$,
im Fall $\lambda_2 = -\frac{1}{2}$ aus der 1. Zeile $y = x$. Einsetzen in (3) liefert $2x^2 = 2$, also $x_1 = +1$, $x_2 = -1$. $\Longrightarrow$

Mögliche Extremstellen: $P_1 = \binom{1}{-1}$, $P_2 = \binom{-1}{1}$, $P_3 = \binom{+1}{1}$, $P_4 = \binom{-1}{-1}$.

$f(P_1) = -1$, $f(P_2) = -1$, $f(P_3) = +1$, $f(P_4) = +1$

Da nach Aufgabenstellung genau vier Extremwerte existieren, hat man diese gefunden. Diese Extremwerte sind die Extrem= werte der Schnittkurve der Fläche $z = xy$ mit dem Zylinder $x^2 + y^2 = 2$. Da Maxima $\geq$ Minima und die Maxima und Minima abwechselnd beim Durchlaufen der Schnittkurve angenommen werden $\Rightarrow$ Maxima in P_3, P_4; Minima in P_1, P_2.

8.4: Mögliche Extremstellen: $P_1 = \binom{0}{0}$, $P_2 = \binom{0}{-1}$, $P_3 = \binom{2}{0}$, $P_4 = \binom{2}{-1}$, lokales Maximum in P_2, lokales Minimum in P_3, keine Extremwerte in P_1 und P_4.

8.5: $\frac{\partial g}{\partial \alpha} = \frac{1}{\alpha + 1}$, $\quad g(\alpha, \beta) = \ln(\alpha + 1) + \varphi(\beta)$

$\frac{\partial g}{\partial \beta} = -\frac{1}{\beta + 1}$, $\quad g(\alpha, \beta) = -\ln(\beta + 1) + \psi(\alpha)$

$\Big\}\; g(\alpha, \beta) = \ln \frac{\alpha + 1}{\beta + 1} + C$

aus $g(0, 0) = 0$ folgt $C = 0$, also $g(\alpha, \beta) = \frac{\alpha + 1}{\beta + 1}$.

8.6: Mögliche Extremstellen: $P_1 = \binom{2}{2}$, $P_2 = \binom{+2}{-1}$, $P_3 = \binom{-2}{2}$, $P_4 = \binom{-2}{-1}$, lokales Maximum in P_4, lokales Minimum in P_1, keine Extremwerte in P_2 und P_3.

8.7: Länge (parallel zur x-Achse): 2a ; Breite (parallel zur y-Achse): 2b ; Höhe (parallel zur z-Achse): 2c ; also $V = 8abc$. Methode der Lagrange'schen Multiplikatoren liefert mit $F(a,b,c,\lambda) = 8a \cdot b \cdot c - \lambda(36a^2 + 4b^2 + 9c^2 - 36)$ das Gleichungssystem

$$\left.\begin{array}{l} bc - 9\lambda a = 0 \\ ac - \lambda b = 0 \\ 4ab - \lambda 9c = 0 \\ 36a^2 + 4b^2 + 9c^2 - 36 = 0 \end{array}\right\} a = \frac{1}{3}\sqrt{3},\; b = \sqrt{3},\; c = \frac{2}{3}\sqrt{3} \text{ also } V = \frac{16}{3}\sqrt{3}. \quad (\lambda = \tfrac{2}{9}\sqrt{3})$$

8.8: Radius des Kreiszylinders r, Höhe des Kreiszylinders h_2, Höhe des geraden Kreiskegels h_1.
Methode der Langrangeschen Multiplikatoren liefert mit

$$F(r, h_1, h_2, \lambda) = \frac{1}{3}\pi r^2 h_1 + \pi r^2 h_2 + \frac{2}{3}\pi r^3 + \lambda(2\pi r^2 + 2\pi r h_2 + \pi r\sqrt{r^2 + h_1^2} \cdot$$

das Gleichungssystem:

$$F_r = \frac{2}{3}\pi r h_1 + 2\pi r h_2 + 2\pi r^2 + \lambda(4\pi r + 2\pi h_2 + \pi\sqrt{r^2 + h_1^2} + \frac{\pi r^2}{\sqrt{r^2 + h_1^2}}) = 0$$

$$F_{h_1} = \frac{1}{3}\pi r^2 + \lambda \frac{\pi r h_1}{\sqrt{r^2 + h_1^2}} = 0$$

$$F_{h_2} = \pi r^2 + \lambda 2\pi r = 0$$

$$F_\lambda = 2\pi r^2 + 2\pi r h_2 + \pi r \cdot \sqrt{r^2 + h_1^2} - \sigma = 0$$

$$r = \sqrt{\frac{\sigma}{\pi(2 + \sqrt{5})}}, \quad h_1 = \frac{2}{\sqrt{5}} r, \quad (h_2 = \frac{\sqrt{5}}{5} \cdot r, \; \lambda = -\frac{1}{2} r)$$

8.9: Methode der Lagrange'schen Multiplikatoren liefert mit $F(\alpha, \beta, \gamma, \lambda) = (\alpha_0 - \alpha)^2 + (\beta_0 - \beta)^2 + (\gamma_0 - \gamma)^2 + \lambda(\alpha + \beta + \gamma - 180^\circ)$ das Gleichungssystem

$$\left.\begin{array}{l} F_\alpha = -2(\alpha_0 - \alpha) + \lambda = 0 \\ F_\beta = -2(\beta_0 - \beta) + \lambda = 0 \\ F_\gamma = -2(\gamma_0 - \gamma) + \lambda = 0 \\ F_\lambda = \alpha + \beta + \gamma - 180^\circ = 0 \end{array}\right\} \alpha = \alpha_0 - \frac{\delta}{3},\; \beta = \beta_0 - \frac{\delta}{3},\; \gamma = \gamma_0 - \frac{\delta}{3}, \quad (\lambda = \tfrac{2}{3}\delta)$$

8.10: Mögliche Extremstellen: $P_k = \binom{k\pi}{0}$, Maxima für gerade k, Minima für ungerade k. Wegen $e^{-y^2} \leq 1$ und $|\cos x| \leq 1$ gilt $-1 \leq f(x,y) \leq 1$. Wegen $f(k\pi, 0) = (-1)^k$ sind ± 1 absolute Extremwerte, die in den lokalen Extremstellen angenommen werden.

8.11: Tangentialebene $z = 1 + x$. Richtungsableitung im Punkt (1, 0) in Richtung des Einheitsvektors $\vec{r} = \frac{1}{5}(3, 4)$: $\left.\frac{df}{d\vec{r}}\right|_{(1,0)} = \frac{3}{5}$

8.12: a) Tangentialebene im Punkt (1, 1, 2): $2z+x-2y=3$

b) Mögliche Extremstelle: $P = (2, 1)$. Wegen $\Delta|_{(2,1)} < 0$ keine.

8.13: a) Tangentialebene im Punkt (2, 2, 3): $3z - x = 7$

b) Mögliche Extremstelle: $P = (3, 3)$. Wegen $\Delta|_{(3,3)} < 0$ keine Extremstelle.

8.14: Tangentialebene in Achsenabschnittsform (vergl. Kapitel 16.4):

$$\frac{x}{\sqrt{ax_0}} + \frac{y}{\sqrt{ay_0}} + \frac{z}{\sqrt{az_0}} = 1 \; ; \quad s = \sqrt{ax_0} + \sqrt{ay_0} + \sqrt{az_0} = \sqrt{a}\sqrt{a} = a$$

8.15: Da in der Aufgabenstellung Überprüfung der lokalen Extrema mittels notwendiger und hinreichender Bedingungen verlangt wird, verwendet man nicht die Methode der Lagrangeschen Multiplikatoren (die nur die Extremstellen liefert), sondern setzt die Nebenbedingung in die Formel für das Volumen $V = \frac{4}{3}\pi abc$ des Ellipsoides ein und erhält $V(b, c)$:

$V(b, c) = \frac{4}{3}\pi(3 - \sqrt{b^2 + c^2})\cdot b\cdot c$. Dann bestimmt man die Extrem=werte der nur noch von zwei Veränderlichen abhängigen Funktion $V(b, c)$ im Gebiet $\sqrt{b^2 + c^2} < 3$:

Mögliche Extremstellen $P = (b, c) = (\sqrt{2}, \sqrt{2})$. Lokales Maximum in $(\sqrt{2}, \sqrt{2})$. Es ist das Ellipsoid mit den Halbachsen $a = 1$, $b = \sqrt{2}$ und $c = \sqrt{2}$, das unter der Nebenbedingung $a + \sqrt{b^2 + c^2} = 3$ maximales Volumen hat.

8.16: Tangentialebene in Achsenabschnittsform (vergl. 16.4):

$$\frac{x}{\frac{a^2 z_0}{x_0}} + \frac{y}{\frac{b^2 z_0}{y_0}} - \frac{z}{z_0} = 1$$

. Gleichheit der Achsenabschnitte:

$$\left|\frac{a^2 z_0}{x_0}\right| = \left|\frac{b^2 z_0}{y_0}\right| = |z_0| \Rightarrow |x_0| = a^2, \; |y_0| = b^2 \Rightarrow |z_0| = \frac{1}{2}(a^2 + b^2) .$$

9.1: Kugelkoordinaten $x = r\sin\vartheta\cos\varphi$, $y = r\sin\vartheta\sin\varphi$, $z = r\cos\vartheta$,

$r = \sqrt{x^2+y^2+z^2}$, $\frac{\partial(x,y,z)}{\partial(z,\varphi,\vartheta)} = r^2\sin\vartheta$, Grenzen: $R_1 \le r \le R_2$, $0 \le \varphi \le \pi$, $0 \le \vartheta \le \frac{\pi}{2}$.

$$I = \int_0^{\pi}\left(\int_0^{\pi/2}\left(\int_{R_1}^{R_2} \frac{r^2}{r} e^{-r^2} \sin\vartheta\, dr\right)d\vartheta\right)d\varphi$$

$$I = \frac{\pi}{2}\left(e^{-R_1^2} - e^{-R_2^2}\right)$$

9.2: $I = 0$

9.3: Polarkoordinaten. $T = \frac{5}{12}\pi\mu_0 R^4$.

9.4: $I = 16$

9.5: $F = \int_G 1\, dx\, dy$. Transformation: $\left|\frac{\partial(x,y)}{\partial(u,v)}\right| = \frac{1}{3}(u^2v^2)^{-\frac{1}{3}}$

Integrationsgebiet in der u-v-Ebene wird begrenzt durch die Kurven $v = 1$, $v = 8$, $u = 1$ und $u = 8v$: $F = 6$.

9.6: Polarkoordinaten. $I = \pi\left(\frac{1}{e} - \frac{1}{e^2}\right)$.

9.7: Transformation $u = xy$ und $v = \frac{y^2}{x}$ oder: $y = u^{\frac{1}{3}}v^{\frac{1}{3}}$ und $x = u^{\frac{2}{3}}v^{-\frac{1}{3}}$. $\left|\frac{\partial(x,y)}{\partial(u,v)}\right| = \frac{1}{3v}$. Integrationsgebiet in der u-v-Ebene ist das durch die Geraden $u = q$, $u = p$, $v = b$, $v = a$ begrenzte Rechteck. $I = \frac{1}{3}(p-q)\ln\frac{a}{b}$.

9.8: $I = \frac{1}{2} - \frac{17}{8}\operatorname{arctg}\frac{1}{4} + \frac{1}{8}\operatorname{arctg}\frac{1}{2}$.

9.9: $I = \int_B dx\, dy = \frac{1}{3}a^2$, $I_x = \int_B x\, dx\, dy = \frac{3}{20}a^3$, $I_y = \int_B y\, dx\, dy = \frac{3}{20}a$

$x_S = I_x / I = \frac{9}{20}a$, $y_S = I_y / I = \frac{9}{20}a$.

9.10: Polarkoordinaten. $I_x = \frac{5\pi}{12}\mu_0 R^4$.

9.11: Polarkoordinaten. $m = \int_0^1 \int_0^{\pi/4} 16 r^3 \sin\varphi\cos\varphi\, d\varphi\, dr = 1$

10.1: a) $\varkappa = \frac{e^{-t}}{(1+t^2)^{3/2}}$ b) Tangenteneinheitsvektor in P_0: $\vec{r} = \frac{1}{\sqrt{2}}($

$\left.\frac{df}{d\vec{r}}\right|_{P_0} = \frac{e}{2}\sqrt{2}$

10.2: a) Tangente im Punkte $P_0 = \vec{x}\left(\frac{\pi}{4}\right)$: $a\frac{\sqrt{2}}{4}\left(\binom{1}{1} + \tau\binom{-3}{3}\right)$

Schnittpunkt mit der x-Achse: $P_x = \left(\frac{a}{2}\sqrt{2}, 0\right)$ \} Abstand der Schn

Schnittpunkt mit der y-Achse: $P_y = \left(0, \frac{a}{2}\sqrt{2}\right)$ \} punkte $d = a$

b) Tangenteneinheitsvektor in P_0: $\vec{x}\left(\frac{\pi}{4}\right)$: $\vec{r} = \frac{1}{2}\binom{-\sqrt{2}}{\sqrt{2}}$

c) $s = \frac{3}{2}a$ $\left.\frac{df}{d\vec{r}}\right|_{P_0} = 0$

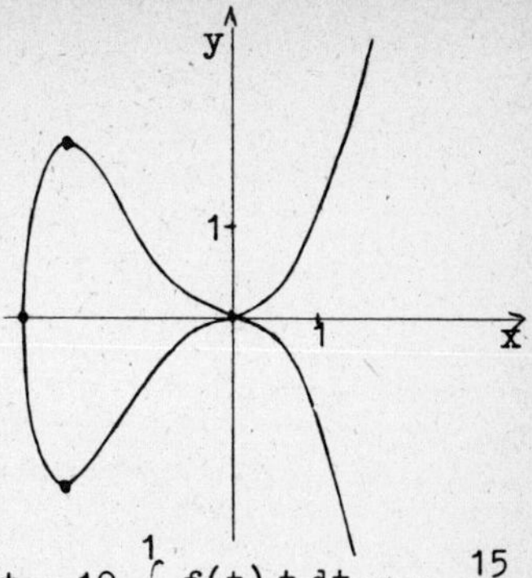

10.3: Kurve für $x \geq -\frac{5}{2}$;
Nullstellen: $x_{N1} = 0$, $x_{N2} = -\frac{5}{2}$
relative Hochpunkte der Kurve:
$P_{H1} = (-2, +2)$, $P_{H2} = (0, 0)$
relative Tiefpunkte der Kurve:
$P_{T1} = (-2, -2)$, $P_{T2} = (0, 0)$
$y^2 = (-y)^2 \Rightarrow$ Symmetrie zur x-Achse

10.4: a) $s_C = 5$ b) $\int_C f\,ds = \int_0^1 f(t)\dot{s}(t)\,dt = 10\int_0^1 f(t)\,t\,dt = -\frac{15}{2}$

10.5: b) $s_C = 13$ b) $\int_C f\,ds = \int_0^1 f(t)\dot{s}(t)\,dt = 26\int_0^1 f(t)\,t\,dt = 52$

10.6: a) $s_C = \int_0^{\pi/2} \sqrt{\dot{x}^2 + \dot{y}^2}\,dt = \operatorname{Sinh}\frac{\pi}{2}$,

b) Tangenteneinheitsvektor in P_3: $\vec{r} = \binom{0}{-1}$; $\left.\frac{df}{d\vec{r}}\right|_{P_3} = -\frac{1}{4}$

11.1: a) Wegunabhängigkeit für $A = \frac{1}{2}$; b) $\phi(x,y) = \frac{2}{3}x^3y + xy^2 + C$

11.2: a) I ist nicht wegunabhängig:

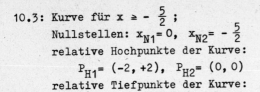

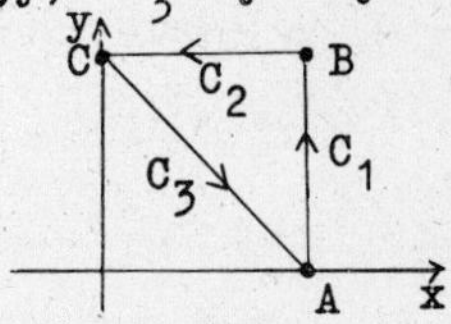

$$I = \int_{C_1} + \int_{C_2} + \int_{C_3}$$

C_1: $x(t) = a$, $\dot{x}(t) = 0$; $y(t) = t$, $\dot{y}(t) = 1$; $\quad I_1 = \int_0^a (a+t)^2 1\,dt = \frac{8}{3}a^3$

C_2: $x(t) = t$, $\dot{x}(t) = 1$; $y(t) = a$, $\dot{y}(t) = 0$; $\quad I_2 = \int_a^0 a^2\,dt = -a^3$

C_3: $x(t) = t$, $\dot{x}(t) = 1$; $y(t) = a - t$, $\dot{y}(t) = -1$ $\quad I_3 = \int_0^a ((a-t)^2 - a^2)\,dt = -\frac{2}{3}a^3$

$I = a^3$

b) I ist wegunabhängig und C ein geschlossener Integrations= weg $\Rightarrow I = 0$.

11.3: Parameterdarstellung der Ellipse: $x(t) = a\cos t$, $y(t) = b\sin t$, $\dot{s} = \sqrt{\dot{x}^2 + \dot{y}^2}$, $\quad I = \int_{t=\pi}^{0} f(t)\dot{s}(t)\,dt = -\frac{\pi}{2}ab(a^2 + b^2)$.

11.4: a) $\lambda_0 = 2$, b) $\phi(x,y) = x^2y + e^y + C$, $\int_{(0,0)}^{(1,2)} \vec{K}\,d\vec{x} = 1 + e^2$

c) $\int_C \vec{K}\,d\vec{x} = \frac{\lambda}{2} + e^2$

11.5: $I(u,v) = \int_C (x+y)dx + xy\,dy = \frac{1}{2}u^2 + \frac{2}{5}uv + \frac{3}{8}uv^2$

Mögliche Extremstellen von $I(u,v)$: $P_1 = (0, 0)$; $P_2 = (0, -\frac{16}{15})$; $P_3 = (\frac{8}{75}, -\frac{8}{15})$; lokales Minimum in P_3, keine Extremwerte in P_1 und P_2.

11.6: a) $I = 4 + 16b(e^4 - 1)$; b) $\frac{1}{2}(3e^4 + 1) + 2b(5e^4 - 1)$; c) $b = \frac{1}{4}$.

12.1: a) Umrechnen beider Seiten in kartesische Koordinaten. Geometrische Deutung: Summe der Quadrate der Diagonalen eines Parallelogramms ist gleich der Summe der Quadrate der Seiten.

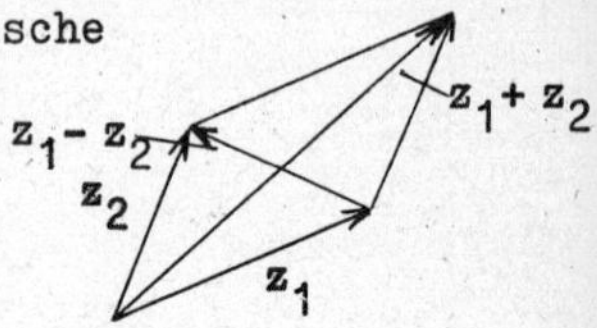

b)

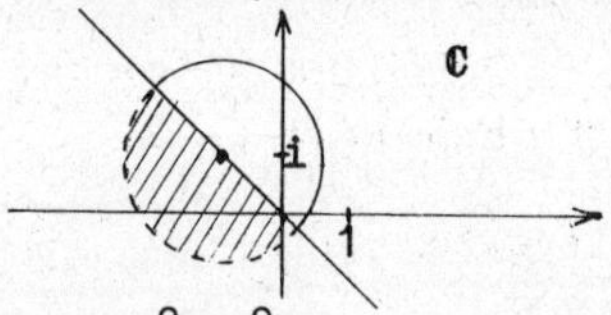

12.2: $f(z) = z^2 + z = \underbrace{x^2 - y^2 + x}_{u} + i(\underbrace{2xy + y}_{v})$

Gerade $g_1 \longrightarrow$ Parabel $g_{1w} = \{w = u + iv : v = u(2u+1)\}$

Gerade $g_2 \longrightarrow$ Parabel $g_{2w} = \{w = u + iv : v = \frac{1}{9}(2-u)(2u+5)\}$.

12.3: $f(z) = z^2 + z = \underbrace{x^2 - y^2 + x}_{u} + i(\underbrace{2xy + y}_{v})$

Die Berandung von A geht über in:

a) Geradenstück $\{z = x + iy : x = 0, -1 \leq y \leq 1\} \longrightarrow$
Parabelstück $\{w = u + iv : u = -v^2, -1 \leq v \leq 1\}$

b) Geradenstück $\{z = x + iy : x = 1, -1 \leq y \leq 1\} \longrightarrow$
Parabelstück $\{w = u + iv : u = 2 - \frac{1}{9}v^2, -3 \leq v \leq 3\}$

c) Geradenstück $\{z = x + iy : y = -1, 0 \leq x \leq 1\} \longrightarrow$
Parabelstück $\{w = u + iv : u = \frac{1}{4}v^2 - \frac{5}{4}, -3 \leq v \leq -1\}$

d) Geradenstück $\{z = x + iy : y = 1, 0 \leq x \leq 1\} \longrightarrow$
Parabelstück $\{w = u + iv : u = \frac{1}{4}v^2 - \frac{5}{4}, 1 \leq v \leq 3\}$

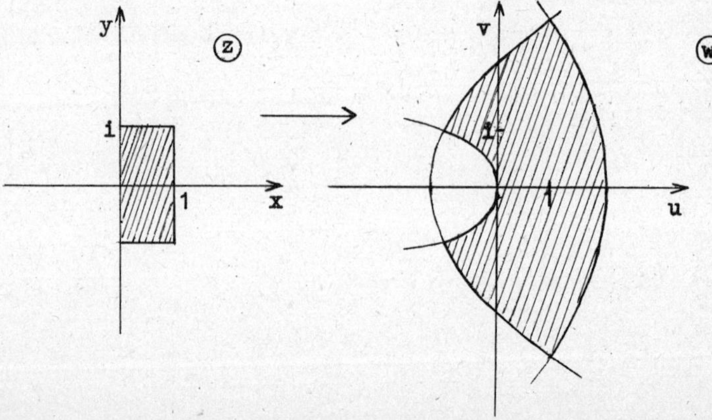

12.4: $f(z) = z^2 = \underbrace{x^2 - y^2}_{u} + i\underbrace{2xy}_{v}$

Bildkurven: Gerade $\mathrm{Re}(z) = 1 \rightarrow$ Parabel $\left\{ w = u + iv : u = 1 - \left(\frac{v}{2}\right)^2 \right\}$

Gerade $\mathrm{Im}(z) = 1 \rightarrow$ Parabel $\left\{ w = u + iv : u = \left(\frac{v}{2}\right)^2 - 1 \right\}$

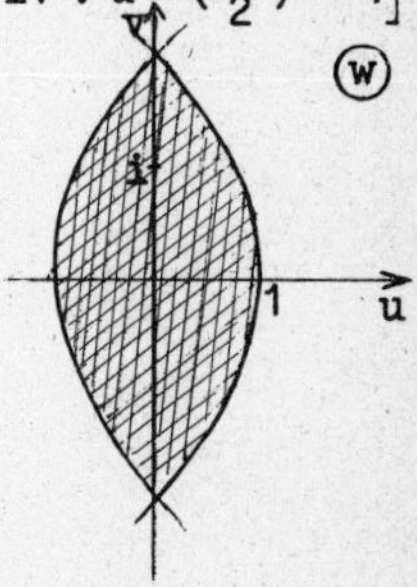

Flächeninhalt:

$$F = 2 \int_{-2}^{2} \left(1 - \left(\frac{v}{2}\right)^2\right) dv = \frac{16}{3}$$

Umfang:

$$U = 2 \int_{-2}^{2} \sqrt{\left(\frac{du}{dv}\right)^2 + 1}\, dv = 4 \int_{0}^{2} \sqrt{\frac{v^2}{4} + 1}\, dv$$

$$= 4\sqrt{2} + 4 \ln\left(2 + \frac{1}{2}\sqrt{2}\right) \approx 9{,}64$$

Winkel φ zwischen den Bildkurven im Punkt $f(1 + i)$ der w-Ebene ist gleich dem Winkel zwischen den Urbildkurven $x = 1$ und $y = 1$ in der z-Ebene: $\varphi = \pi$ (oder 90°), da $f = z^2$ eine konforme Abbildung ist.

12.5: $w = \frac{z}{z - 1}$ ist eine gebrochen lineare Abbildung.

Bilder der Eckpunkte des Dreiecks:

$w(0) = 0$, $w(1) = \infty$, $w(1 + i) = 1 - i$

Der Punkt ∞ liegt auf allen Geraden, $w(\infty) = 1$

Bilder der Dreiecksseiten sind wieder Geraden oder Kreise:

$\mathrm{Re}(z) = 1 \rightarrow$ Kreis durch ∞, $1 - i$, 1 ist Gerade $w = 1 + iv$,

$\mathrm{Im}(z) = 0 \rightarrow$ Kreis durch 0, ∞, 1 ist Gerade $w = u + i0$

$\mathrm{Re}(z) = \mathrm{Im}(z) \rightarrow$ Kreis durch 0, $1 - i$, 1 ist Kreis mit

Mittelpunkt $w_0 = \frac{1}{2} - i \cdot \frac{1}{2}$, Radius $\frac{1}{2}\sqrt{2}$.

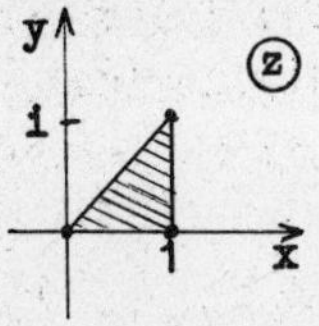

$\longrightarrow$

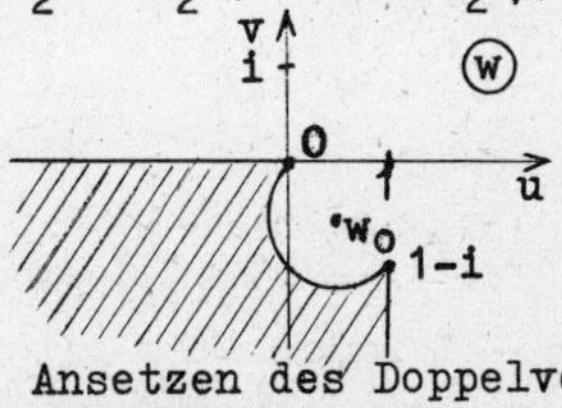

12.6: a) $w(0) = 1$, $w(1) = -i$, $w(i) = \infty$. Ansetzen des Doppelverhältnisses:

$\frac{i - 0}{i - 1} : \frac{z - 0}{z - 1} = \frac{w + i}{w - 1}$ führt auf $w = \frac{z + i}{-z + i}$.

b) (i) $\mathrm{Re}(z) = 0$ ist die Gerade durch die Punkte $z_1 = 0$, $z_2 = i$, $z_3 = \infty$. $\longrightarrow$
Kreis oder Gerade durch $w_1 = 1$, $w_2 = \infty$, $w_3 = -1$, d.i. Gerade $\mathrm{Im}(w) = 0$

(ii) $\mathrm{Re}(z) + \mathrm{Im}(z) = 1$ ist die Gerade durch die Punkte $z_1 = 0$, $z_2 = i$, $z_3 = \infty$ $\longrightarrow$
Kreis oder Gerade durch $w_1 = -i$, $w_2 = \infty$, $w_3 = -1$, d.i. Gerade $\mathrm{Re}(w) + \mathrm{Im}(w) = -1$.

13.1: a) Cauchy-Riemannschen Dgln. sind erfüllt $\Rightarrow$ die vorliegende Funktion ist komplex-differenzierbar.

b) $f(z) = e^z + iz^2$

13.2: a) $u_{xx} + u_{yy} = 0 \Rightarrow u(x,y)$ ist Realteil einer komplex-differenzierbaren Funktion $f(z)$.

b) Aus den Cauchy-Riemannschen Dgln. bestimmt man $v(x,y)$:
$v(x,y) = x + y + \tilde{C}$. $f(z) = z(1+i) + C$.

13.3: a) $u_{xx} + u_{yy} = 0 \Rightarrow u(x,y)$ ist Realteil einer komplex-differenzierbaren Funktion $f(z)$.

b) Aus den Cauchy-Riemannschen Dgln. bestimmt man $v(x,y)$:
$v(x,y) = \frac{y^2}{2} - \frac{x^2}{2} + \tilde{C}$. $f(z) = -\frac{1}{2} i z + C$

13.4: $f(z)$ ist analytisch in ganz $\mathbb{C}$ bis auf die Punkte $z_k = (2k+1$ $k \in \mathbb{Z}$. Die Entwicklungsstelle $z_0 = 0$ ist also keine Singularität. Folglich gibt es eine Potenzreihenentwicklung innerhal des Kreises um 0, der bis zur Singularität $\frac{\pi}{2}$ reicht:

$$f(z) = 1 + \frac{1}{2} z^2 + \frac{5}{24} z^4 + \frac{61}{720} z^6 + \ldots \qquad |z| < \frac{\pi}{2}.$$

14.1: a) Cauchy-Produkt. $F(z) = \sum_{n=0}^{\infty} \left(\sum_{i=0}^{n} a_i\right) z^n$, $\varrho_F = \min(1, \varrho_S)$

b) Gliedweise Integration im Konvergenzkreis:

$$G(z) = \sum_{n=1}^{\infty} \left(\frac{1}{n} \sum_{i=0}^{n-1} a_i \right) z^n \quad \text{für } |z| < \varrho_G \quad \text{mit } \varrho_G = \varrho_F .$$

14.2: Die Entwicklungsstelle $z_0 = \frac{\pi}{4}$ ist ein Pol 5.Ordnung von $f(z)$ $f(z)$ besitzt außer $\frac{\pi}{4}$ keine weiteren Singularitäten. Folglic gibt es eine Laurentreihenentwicklung im Kreisring $0 < |z - \frac{\pi}{4}| < \infty$ um $z_0 = \frac{\pi}{4}$:

$$f(z) = \frac{1}{2}\sqrt{2}\Big(\frac{1}{(z-\pi/4)^5} + \frac{1}{(z-\pi/4)^4} - \frac{1}{2!}\frac{1}{(z-\pi/4)^3} - \frac{1}{3!}\frac{1}{(z-\pi/4)^2} + \frac{1}{4!}\frac{1}{z-\pi/4} + \frac{1}{5!} - \frac{1}{6!}(z-\pi/4) - \frac{1}{7!}(z-\pi/4)^2 \pm\pm \ldots\Big)$$

14.3: Laurentreihenentwicklung um $z_0 = 1$ im Kreisring $0 < |z-1| < 1$, in dem der Punkt $z = \frac{1}{2}$ liegt:

$$f(z) = \frac{1}{(z-1)^2} + \frac{1}{z-1} + 1 + (z-1) + (z-1)^2 + \ldots$$

$$\operatorname*{Res}_{z=1} f(z) = 1$$

14.4: Laurentreihenentwicklung um $z_0 = 2$ im Kreisring $0 < |z-2| < 2$, in dem der Punkt $z = 1$ liegt:

$$f(z) = \frac{4}{(z-2)^2} + 1 + \frac{(z-2)^2}{4} + \frac{(z-2)^4}{16} + \ldots ; \quad \operatorname*{Res}_{z=2} f(z) = 0 .$$

15.1: a) $z_0 = 0$ ist die einzige Singularität von $f(z) = \frac{\sin 2z}{z^4}$ in ganz $\mathbb{C}$. Sie wird vom Integrationsweg umschlossen. Das Residuum von f(z) in $z_0 = 0$ bestimmt man am besten aus der Laurentreihenentwicklung um $z_0 = 0$. Man erhält $c_{-1} = \operatorname*{Res}_{z=0} f(z) = -\frac{4}{3}$. Residuensatz: $I = -\frac{8}{3}\pi i$.

b) $z_0 = 0$ ist die einzige Singularität von $f(z) = e^{\frac{i}{z}}$ in ganz $\mathbb{C}$. Sie wird vom Integrationsweg umschlossen. Da z_0 eine wesentliche Singularität ist, muß man das Residuum aus der Laurentreihenentwicklung um $z_0 = 0$ bestimmen. Man erhält $c_{-1} = \operatorname*{Res}_{z=0} f(z) = i$. Residuensatz: $I = -2\pi$.

15.2: a) $z_0 = 0$ ist die einzige Singularität von $f(z) = \frac{\cos z^2}{z^5}$ in ganz $\mathbb{C}$. Sie wird vom Integrationsweg umschlossen. Das Residuum von f(z) in $z_0 = 0$ bestimmt man am besten aus der Laurentreihenentwicklung um $z_0 = 0$. Man erhält $c_{-1} = \operatorname*{Res}_{z=0} f(z) = -\frac{1}{2}$. Residuensatz: $I = -i\pi$.

b) $z_0 = 0$ ist die einzige Singularität von $f(z) = e^{-\frac{2i}{z}}$. Sie wird vom Integrationsweg umschlossen. Das Residuum von f(z) in $z_0 = 0$ bestimmt man aus der Laurentreihen=entwicklung um $z_0 = 0$. Man erhält $c_{-1} = \operatorname*{Res}_{z=0} f(z) = -2i$. Residuens.: $I = 4\pi$.

15.3: Der Realteil von $\frac{e^{i\frac{\pi}{a}z}}{z^2 + 2az + a^2 + 1}$ stimmt auf der reellen Achse mit dem Integranden überein. Durchführen der Schritte 1 bis 6 wie im Kapitel 15.3 liefert $I = -\pi e^{-\pi/a}$.

15.4: $$\int_C \frac{2z-1}{z^3 - z}\,dz = \int_C \frac{1}{z}\,dz + \frac{1}{2}\int_C \frac{1}{z+1}\,dz - \frac{3}{2}\int_C \frac{1}{z+1}\,dz =$$

$$= 2\pi i \cdot 1 + 2\pi i \cdot \frac{1}{2} + 0 = 3\pi i.$$

Integralformel von Cauchy — Satz von Cauchy

(Das Integral kann man auch direkt mit dem Residuensatz berechnen).

15.5: a) $$\int_C \frac{\cos z}{z^{2n+1}}\,dz = \frac{2\pi i}{(2n)!}(\cos z)^{(2n)}\Big|_{z=0} = \frac{(-1)^n 2\pi i}{(2n)!}$$

b) $$\int_C \frac{1}{z^2+1}\,dz = \int_C \frac{\frac{1}{z-i}}{z-(-i)}\,dz = 2\pi i \frac{1}{z-i}\Big|_{z=-i} = -\pi.$$

15.6: Der Realteil von $\frac{e^{iaz}}{(z^2+a^2)^2}$ stimmt auf der reellen Achse mit dem Integranden überein. Durchführen der Schritte 1 bis 6 wie im Kapitel 15.3 liefert

$$I = \frac{\pi}{2a^3}(1+a^2)\,e^{-a^2}$$

15.7: a) Pole: $z_1 = +1$ (Pol 2. Ordnung), $z_2 = -i$ (Pol 1.Ordnung)
$z_3 = +i$ (Pol 1. Ordnung)

$\operatorname{Res}_{z=1} f(z) = -1$, $\operatorname{Res}_{z=-i} f(z) = \frac{1}{2}$, $\operatorname{Res}_{z=i} f(z) = \frac{1}{2}$

b) Residuensatz: α) $I = 0$, β) $I = 2\pi(\pi + i)$

15.8: $I = -\pi$.

15.9: a) Pole: $z_1 = 0$ (Pol 2. Ordnung), $z_2 = 1+i$ (Pol 1.Ordnung)
$z_3 = -(1+i)$ (Pol 1. Ordnung)

$\operatorname{Res}_{z=0} f(z) = 0$, $\operatorname{Res}_{z=1+i} f(z) = \frac{1+i}{8}\operatorname{Cosh}\pi$, $\operatorname{Res}_{z=-(1+i)} f(z) = -\frac{1+i}{8}\operatorname{Cosh}$

b) Residuensatz: α) $I = 2\pi i(1-\cos t)$, β) $I = 2\pi i$

15.10: $I = \int_0^\infty \frac{x\sin x}{x^2+1}\,dx = \frac{1}{2}\cdot\int_{-\infty}^{\infty}\frac{x\sin x}{x^2+1}\,dx$, da der Integrand eine gerade Funktion ist. Der Imaginärteil von $\frac{z\,e^{iz}}{z^2+1}$ stimmt auf der reellen Achse mit dem Integranden des letzten Integrals überein. Durchführen der Schritte 1 bis 6 wie im Kapitel 15.3 liefert: $I = \frac{\pi}{2e}$.

15.11: a) $|z|^2$ ist nicht analytisch (C.R.nicht erfüllt). Integral ist nicht wegunabhängig.

C: $z(t) = (t-1) + i(1+2t)$, $\dot{z}(t) = 1+2i$

$$\int_C |z|^2 dz = \int_0^1 ((t-1)^2 + (1+2t)^2)(1+2i)\,dt = \frac{14}{3}(1+2i)$$

b) $e^{\pi z}$ ist analytisch. $\int_C e^{\pi z} = \frac{1}{\pi}\left[e^{\pi z}\right]_{-1+i}^{3i} = \frac{1}{\pi}(e^{-\pi} - 1)$

15.12: Residuensatz: $I = 4\pi i$.

15.13: Der Realteil von $\frac{e^{3iz}}{z^4+2z^2+1}$ stimmt auf der reellen Achse mit dem Integranden überein. Durchführen der Schritte 1 bis 6 aus Kapitel 15.3 liefert $I = \frac{2\pi}{e^3}$.

15.14: Residuensatz: $I = \frac{\pi}{5}\operatorname{Sinh}\pi$.

16.1: Abstand h des Punktes (1, 2, 3) von der Ebene: $h = \frac{1}{\sqrt{3}}\,5$

16.2: Ebene durch P_1, P_2, P_3: $x - 3y + 2z = 0$

Abstand $|h|$ des Punktes P_0 von der Ebene: $|h| = \sqrt{14}$,

Lotfußpunkt Q : (0, 0, 0).

16.3: a) Gleichung der Ebene hier am besten durch die Achsenabschnittsform: $\frac{x}{2} + \frac{y}{1} + \frac{z}{1} = 1$

b) $d = \frac{2}{3}$; c) $\vec{r}_0 = \frac{2}{9}(1, 2, 2)$;

d) $\cos = \frac{1}{3}$, $\varphi \approx 70{,}52^\circ$; e) $F = \frac{3}{2}$; $V = \frac{1}{3}$

17.1: Für $a \neq 1$ hat das Gleichungssystem genau eine Lösung, für $a = 1$ unendlich viele Lösungen.

17.2: $x = \frac{1}{2}\alpha$, $y = 1 + \frac{1}{2}\alpha$, $z = \alpha$, $w = 1$

17.3: Zugehöriges Gleichungssystem

$5x + 3y + 0z + 0w = -3$

$0x + 0y + 5z + 3w = 5$

Lösungen: $y = \alpha$, $x = -\frac{3}{5} - \frac{1}{5}\alpha$, $w = \beta$, $z = 1 - \frac{3}{5}\beta$

17.4: a) und b) keine Inverse,

c) Inverse

$$C^{-1} = \begin{pmatrix} \frac{1}{8} & -\frac{1}{4} & 0 & 0 \\ 0 & \frac{1}{4} & -\frac{1}{2} & 0 \\ 0 & 0 & \frac{1}{2} & -1 \\ 0 & 0 & 0 & 1 \end{pmatrix}$$

17.5: Nach Bemerkung in 17.3 kann man die Determinante schrittweise auf Diagonalgestalt bringen, wenn man die erste Zeile von der 2-ten, ..., n-ten Zeile subtrahiert, dann die entstandene (n - 1)-te Zeile von der n-ten Zeile, die (n - 2)-te von der (n - 1)-ten Zeile, usw. subtrahiert:

$$\begin{vmatrix} 1 & 1 & 1 & \cdot & \cdot & 1 & 1 \\ 1 & 2 & 1 & \cdot & \cdot & 1 & 1 \\ 1 & 2 & 3 & 1 & \cdot & 1 & 1 \\ \cdot & \cdot & \cdot & \cdot & \cdot & \cdot & \cdot \\ \cdot & \cdot & \cdot & \cdot & \cdot & \cdot & \cdot \\ 1 & 2 & 3 & & & n-1 & n \end{vmatrix} = \begin{vmatrix} 1 & 1 & 1 & \cdot & \cdot & 1 & 1 \\ 0 & 1 & 0 & \cdot & \cdot & 0 & 0 \\ 0 & 1 & 2 & 0 & \cdot & 0 & 0 \\ \cdot & \cdot & \cdot & \cdot & \cdot & \cdot & \cdot \\ \cdot & \cdot & \cdot & \cdot & \cdot & \cdot & \cdot \\ 0 & 1 & 2 & 3 & & n-2 & n-1 \end{vmatrix} = \begin{vmatrix} 1 & 1 & 1 & \cdot & \cdot & 1 & 1 \\ 0 & 1 & 0 & \cdot & \cdot & \cdot & 0 \\ 0 & 0 & 2 & \cdot & \cdot & \cdot & 0 \\ \cdot & \cdot & \cdot & \cdot & \cdot & \cdot & \cdot \\ 0 & 0 & \cdot & \cdot & \cdot & n-2 & 0 \\ 0 & 0 & \cdot & \cdot & \cdot & 0 & n-1 \end{vmatrix} =$$

$$= 1 \cdot 2 \cdot 3 \; . \; . \; . \cdot (n-1) = (n-1)\,!$$

17.6: Die Vektoren $\vec{x}_1, \vec{x}_2, \vec{x}_3, \vec{x}_4$ sind genau dann linear abhängig, wenn die zugehörige Koeffizientendeterminante gleich Null ist.

$$\begin{vmatrix} 1 & -\frac{1}{2} & 2 & 1 \\ -1 & \frac{3}{2} & 1 & -2 \\ 2 & -3 & 0 & 4 \\ 6 & -7 & 8 & 8 \end{vmatrix} = \ldots = \begin{vmatrix} 1 & -\frac{1}{2} & 2 & 1 \\ & 1 & 3 & -1 \\ & & 2 & 0 \\ & & & -2 \end{vmatrix} \neq 0 \Longrightarrow$$

$\vec{x}_1, \vec{x}_2, \vec{x}_3, \vec{x}_4$ sind linear unabhängig.

17.7: $z = \alpha,\ y = \frac{3}{2} - \frac{1}{2}\alpha\ ,\ x = \frac{1}{2} + \frac{1}{2}\alpha$

17.8:

$$\det A = \begin{vmatrix} 2 & 1 & \cdot & \cdot & \cdot & 1 \\ 1 & 2 & 1 & \cdot & \cdot & \cdot \\ \cdot & \cdot & \cdot & \cdot & \cdot & \cdot \\ \cdot & \cdot & \cdot & \cdot & \cdot & \cdot \\ \cdot & \cdot & \cdot & \cdot & 2 & 1 \\ 1 & \cdot & \cdot & \cdot & 1 & 2 \end{vmatrix}$$

entweder systematisch mit Gauß-Elimination oder nach Bemerkung in 17.3: alle Zeilen auf die 1.Zeile addieren, dann $\frac{1}{n+1}$ der entstandenen 1. Zeile auf alle anderen Zeilen addieren:

$$\det A = \begin{vmatrix} n+1 & n+1 & \cdot & \cdot & \cdot & n+1 \\ 1 & 2 & 1 & \cdot & \cdot & 1 \\ \cdot & \cdot & \cdot & \cdot & \cdot & \cdot \\ \cdot & \cdot & \cdot & \cdot & \cdot & \cdot \\ \cdot & \cdot & \cdot & \cdot & 2 & 1 \\ 1 & \cdot & \cdot & \cdot & 1 & 2 \end{vmatrix} = \begin{vmatrix} n+1 & n+1 & \cdot & \cdot & \cdot & n+1 \\ 0 & 1 & 0 & \cdot & \cdot & 0 \\ \cdot & \cdot & \cdot & \cdot & \cdot & \cdot \\ \cdot & \cdot & \cdot & \cdot & \cdot & \cdot \\ \cdot & \cdot & \cdot & \cdot & 1 & 0 \\ 0 & \cdot & \cdot & \cdot & 0 & 1 \end{vmatrix} =$$

17.9: $\text{Rang}(A) = 2$

a) $z = \alpha,\ y = -\frac{3}{2}\alpha,\ x = \frac{1}{2}\alpha$; b) keine Lösungen

17.10: a) $A^{-1}(t)$ existiert für alle $t \neq 0$

b) für $t = 0$ und $q = 0$ Lösungen

$x_4 = \alpha,\ x_3 = 1,\ x_2 = -\alpha + 1,\ x_1 = 2\alpha - 2$;

für $t = 0$ und $q \neq 0$ gibt es keine Lösungen.

17.11: a)

$$B \cdot B^T = \begin{pmatrix} 1 & 2 \\ 3 & 0 \\ 1 & -1 \end{pmatrix} \cdot \begin{pmatrix} 1 & 3 & 1 \\ 2 & 0 & -1 \end{pmatrix} = \begin{pmatrix} 5 & 3 & -1 \\ 3 & 9 & 3 \\ -1 & 3 & 2 \end{pmatrix}$$

b) $\text{Rang}(B) = \text{Rang}(B^T) = \text{Rang}(B \cdot B^T) = 2$

17.12: a) $x_4=\alpha$, $x_3= \frac{3}{4}+\frac{1}{4}\alpha$, $x_2=\frac{1}{2}+\frac{1}{2}\alpha$, $x_1=\frac{5}{4}-\frac{9}{4}\alpha$,

b) für Wert $t\neq 3$ gibt es keine Lösungen

17.13: a) für $t=2$, $t=-2$, $t=-4$ gibt es keine Inverse von A .

b) für $t=3$

$$A^{-1}=\begin{pmatrix} 0 & -1 & 1 \\ \frac{1}{5} & -\frac{6}{5} & 1 \\ \frac{6}{5} & -\frac{6}{5} & 1 \end{pmatrix}$$

17.14: Für $|t|\neq 1$ eindeutige Lösung $x_1= 2-\frac{1-t}{1-t^2}$,

$x_2= 1-\frac{t-t^2}{1-t^2}$, $x_3=\frac{1-t}{1-t^2}$

für $t=1$ mehrfache Lösungen: $x_3=\alpha$, $x_2= 1-\alpha$, $x_1= 2-\alpha$;

für $t=-1$ keine Lösung

17.15: a) Unleserlicher Koeffizient $R=3$

b) $z=\alpha$, $y=1-4\alpha$, $x=5\alpha$

17.16: Nach Bemerkung in 17.3 : Subtraktion der 2.Zeile von der 1.Zeile, Subtraktion der 3. Zeile von der 2.Zeile u.s.w.

$$\det A = \begin{vmatrix} 1 & 2 & 3 & 4 & 5 \\ 2 & 2 & 3 & 4 & 5 \\ 3 & 3 & 3 & 4 & 5 \\ 4 & 4 & 4 & 4 & 5 \\ 5 & 5 & 5 & 5 & 5 \end{vmatrix} = \begin{vmatrix} -1 & -1 & -1 & -1 & 5 \\ 0 & -1 & -1 & -1 & 5 \\ 0 & 0 & -1 & -1 & 5 \\ 0 & 0 & 0 & -1 & 5 \\ 0 & 0 & 0 & 0 & 5 \end{vmatrix} = 5$$

$\det(A\cdot A)=\det A\cdot\det A = 25$

17.17: a) $x_3=\alpha$, $x_2=\frac{1}{2}+\frac{1}{2}\alpha$, $x_1= -\frac{1}{2}-\frac{5}{2}\alpha$

b) keine Lösung

17.18: a) keine Lösung

b) $x_4=\alpha$, $x_3= 2\alpha-1$, $x_2= 2\alpha-1$, $x_1=-\alpha+\frac{1}{2}$

17.19:

$\vec{p}$	A				b
1	1	2	1	1	0
2	1	2	0	0	1
3	2	1	0	2	1
4	1	-1	0	1	1
3	2	1	0	2	2
2	$\frac{1}{2}$	$\frac{3}{2}$	0	-1	0
1	$\frac{1}{2}$	$-\frac{5}{2}$	1	0	-1
4	$\frac{1}{2}$	$-\frac{3}{2}$	0	0	0

$\vec{p}$	A				b
3	2	1	0	2	2
1	$\frac{1}{2}$	$-\frac{5}{2}$	1	0	-1
2	$\frac{1}{2}$	$-\frac{3}{5}$	$\frac{3}{5}$	-1	$-\frac{3}{5}$
4	$\frac{1}{2}$	$\frac{3}{5}$	$-\frac{3}{5}$	0	$\frac{3}{5}$
3	2	1	0	2	2
1	$\frac{1}{2}$	$-\frac{5}{2}$	1	0	-1
2	$\frac{1}{2}$	$-\frac{3}{5}$	$\frac{3}{5}$	-1	$-\frac{3}{5}$
4	$\frac{1}{2}$	$\frac{3}{5}$	-1	1	0

a) $L = \begin{pmatrix} 1 & & & \\ \frac{1}{2} & 1 & & \\ \frac{1}{2} & -\frac{3}{5} & 1 & \\ \frac{1}{2} & \frac{3}{5} & -1 & 1 \end{pmatrix}$ $R = \begin{pmatrix} 2 & 1 & 0 & 2 \\ & -\frac{5}{2} & 1 & 0 \\ & & \frac{3}{5} & -1 \\ & & & 1 \end{pmatrix}$

b) $x_4 = 0$, $x_3 = -1$, $x_2 = 0$, $x_1 = 1$

17.20: a) $\vec{p} = (3, 1, 2)$, $A_p = L \cdot R$ mit $L = \begin{pmatrix} 1 & & \\ \frac{1}{2} & 1 & \\ -\frac{1}{2} & \frac{1}{2} & 1 \end{pmatrix}$ $R = \begin{pmatrix} 4 & 2 & -6 \\ & -2 & 4 \\ & & 2 \end{pmatrix}$

oder $\vec{p} = (1, 2, 3)$, $A_p = A = L \cdot R$ mit $L = \begin{pmatrix} 1 & & \\ -1 & 1 & \\ 2 & -\frac{4}{3} & 1 \end{pmatrix}$ $R = \begin{pmatrix} 2 & -1 & 1 \\ & -3 & 4 \\ & & -\frac{8}{3} \end{pmatrix}$

b) $\vec{b}_1$: $x_3 = -1$, $x_2 = -3$, $x_1 = -1$

$\vec{b}_2$: $x_3 = 1$, $x_2 = 1$, $x_1 = 2$

17.21: a) Mit $\vec{p} = (3, 1, 2)$, $A_p = L \cdot R$ mit $L = \begin{pmatrix} 1 & & \\ \frac{1}{3} & 1 & \\ \frac{1}{2} & -\frac{1}{2} & 1 \end{pmatrix}$ $R = \begin{pmatrix} 6 & -6 & 18 \\ & 6 & 2 \\ & & -6 \end{pmatrix}$

oder mit $\vec{p} = (1, 2, 3)$, $A_p = A = L \cdot R$ $L = \begin{pmatrix} 1 & & \\ \frac{3}{2} & 1 & \\ 3 & \frac{3}{2} & 1 \end{pmatrix}$ $R = \begin{pmatrix} 2 & 4 & 8 \\ & -12 & -10 \\ & & 9 \end{pmatrix}$

b) $\vec{b}_1$: $x_3 = 0$, $x_2 = 1$, $x_1 = 2$

$\vec{b}_2$: $x_3 = -1$, $x_2 = 1$, $x_1 = 3$

18.1: $\lambda_1 = 1$, $\lambda_2 = -1$, $\lambda_3 = 4$ (einfache Eigenwerte)

Eigenvektor zu $\lambda_1 = 1$: $\vec{x} = \alpha \begin{pmatrix} 1 \\ 0 \\ -1 \end{pmatrix}$

Eigenvektor zu $\lambda_2 = -1$: $\vec{x} = \alpha \begin{pmatrix} 1 \\ -2/\sqrt{3} \\ 1 \end{pmatrix}$

Eigenvektor zu $\lambda_3 = 4$: $\vec{x} = \alpha \begin{pmatrix} 1 \\ \sqrt{3} \\ 1 \end{pmatrix}$

18.2: $\lambda_1 = 2, \lambda_2 = -3$ (einfache Eigenwerte)

Eigenvektor zu $\lambda_1 = 2$: $\vec{x} = \alpha \begin{pmatrix} 1 \\ 2 \end{pmatrix}$

Eigenvektor zu $\lambda_2 = -3$: $\vec{x} = \alpha \begin{pmatrix} 2 \\ -1 \end{pmatrix}$

18.3: Charakteristisches Polynom: $-(\lambda - 1)(\lambda - 3)(\lambda + 2) \Longrightarrow$

$\lambda_1 = 1$, $\lambda_2 = 3$, $\lambda_3 = -3$ (einfache Werte)

Eigenvektor zu $\lambda_1 = 1$: $\vec{x} = \alpha \begin{pmatrix} 1 \\ -1 \\ 0 \end{pmatrix}$

Eigenvektor zu $\lambda_2 = 3$: $\vec{x} = \alpha \begin{pmatrix} 5 \\ 1 \\ 2 \end{pmatrix}$

Eigenvektor zu $\lambda_3 = -3$: $\vec{x} = \alpha \begin{pmatrix} -5 \\ -1 \\ 3 \end{pmatrix}$

18.4: $\lambda_1 = \lambda_2 = \lambda_3 = 1$ ist dreifacher Eigenwert.

Eigenvektor zu dem dreifachen Eigenwert $\lambda = 1$:

$$\vec{x} = \alpha \begin{pmatrix} -1 \\ 1 \\ 0 \end{pmatrix} + \beta \begin{pmatrix} -1 \\ 0 \\ 1 \end{pmatrix}$$

18.5: a) $A^{-1} = \begin{pmatrix} 1 & -1 & 1 \\ 0 & 1 & -1 \\ 0 & 0 & 1 \end{pmatrix}$

b) $\lambda_1 = \lambda_2 = \lambda_3 = 1$ ist dreifacher Eigenwert.

Eigenvektor zu dem dreifachen Eigenwert $\lambda = 1$: $\vec{x} = \alpha \begin{pmatrix} 1 \\ 0 \\ 0 \end{pmatrix}$.

Literaturverzeichnis

1. Bronstein I., Semendjajew K.: Taschenbuch der Mathematik. Verlag Harry Deutsch 1975
2. Dallmann H., Elster K.-H.: Einführung in die höhere Mathematik. Vieweg Verlag 1968
3. Laugwitz D.:Ingenieurmathematik I, II und V. Bibliographisches Institut Mannheim 1964
4. Spiegel M.R.: Advanced Calculus. McGraw-Hill Book Company 1964
5. Spiegel M.R.: Complex Variables. McGraw-Hill Book Company 1964
6. Spivak M.: Calculus. W.A. Benjamin, Inc. 1967

Sachverzeichnis